PUTONG GAODENG YUANXIAO
JIXIELEI SHIERWU GUIHUA XILIE JIAOCAI
普通高等院校机械类"十二五"规划系列教材

机械基础实验指导书

JIXIE JICHU SHIYAN ZHIDAOSHU

主 编 罗海玉

西南交通大学出版社
Http://press.swjtu.edu.cn

内 容 提 要

《机械基础实验指导书》包括机械原理、机械设计、材料力学、工程材料及成型技术、互换性与技术测量、液压与气压传动 6 门课程的实验教学指导；分为 6 部分共 26 个实验项目的实验指导。

本书可作为高等工科院校机械类和近机类本科生的实验教材，也可作为高职、高专等机械类和近机类专业的实验教材，还可作为实验教师的参考书。

图书在版编目（C I P）数据

机械基础实验指导书 / 罗海玉主编. —成都：西南交通大学出版社，2014.1

普通高等院校机械类"十二五"规划系列教材

ISBN 978-7-5643-2813-9

Ⅰ. ①机… Ⅱ. ①罗… Ⅲ. ①机械学 – 高等学校 – 教学参考资料 Ⅳ. ①TH11

中国版本图书馆 CIP 数据核字（2013）第 315822 号

普通高等院校机械类"十二五"规划系列教材

机械基础实验指导书

罗海玉 主编

责 任 编 辑	李芳芳
助 理 编 辑	罗在伟
特 邀 编 辑	李 伟
出 版 发 行	西南交通大学出版社 （四川省成都市金牛区交大路 146 号）
发行部电话	028-87600564　028-87600533
邮 政 编 码	610031
网 址	http: //press.swjtu.edu.cn
印 刷	四川五洲彩印有限责任公司
成 品 尺 寸	185 mm × 260 mm
印 张	12
字 数	298 千字
版 次	2014 年 1 月第 1 版
印 次	2014 年 1 月第 1 次
书 号	ISBN 978-7-5643-2813-9
定 价	24.00 元

前　言

　　机械基础类课程是机械类和近机械类各专业的专业基础课，主要包括机械原理、机械设计、材料力学、工程材料及成型技术、互换性与技术测量、液压与气压传动等课程。机械基础实验是机械基础类课程教学的重要组成部分，通过实验不但可以使学生深入理解理论教学内容，而且可以训练学生的实践技能，为学生在今后的生产实践中，由理论知识向实践知识转化提供必要的基础。以前，这些课程的实验教学附属于相应课程，这种做法难以适应新世纪高层次创新型人才的培养要求。目前已有许多高校对此进行了改革，按实验自身系统优化整合，单独设置了机械基础实验课程，采用模块结构分层次安排实验教学，由课程实验改革为实验课程。

　　为适应此项改革，编者在总结和吸取本校及部分兄弟院校机械类专业近几年实验教学改革成果的基础上，在满足教育部制定的机械类专业机械基础有关课程教学大纲的前提下，编写了本实验指导书。旨在培养学生的学习态度、实验能力、科研能力和创新能力。

　　本书的主要特点有：

　　（1）重视实验方法的先进性和现代化，通过实验让学生了解和掌握现代实验研究的方法；

　　（2）与理论教学相结合，进一步加深课程教学中某些抽象的原理，加深学生对机械基础类课程的理解；

　　（3）培养学生观察和综合分析的能力，激发学生的创新意识，提高学生的创新能力。

　　天水师范学院罗海玉担任本书主编，并负责编写了第一、二、五、六部分；天水师范学院张慧负责编写了第三、四部分。本书在编写过程中得到了天水师范学院工学院机械系全体教师的大力支持，也得到了部分兄弟院校（如兰州理工大学、兰州交通大学等）同行的帮助和指导，在此表示诚挚的感谢！

　　由于编者水平和经验有限，书中难免有不妥之处，恳请广大读者批评指正。

编　者

2013 年 8 月

目　录

第五部分　互换性与技术测量课程实验

第六部分　液压与气压传动课程实验

第一部分

机械原理课程实验

实验一 机构认识及运动简图测绘实验

一、实验目的

（1）初步了解"机械原理"所研究的各种常用机构的结构、类型、特点及应用。

（2）增强学生对机构与机器的感性认识。

（3）初步掌握根据实际机器或机构模型绘制机构运动简图的技能。

（4）验证和巩固机构自由度的计算方法。

（5）通过实验机构的比较，巩固对机构结构分析的了解。

二、实验内容

（1）陈列柜展示各种常用机构的模型，通过模型的动态展示，增强学生对机构与机器的感性认识。

（2）学生通过观察，增加对常用机构的结构、类型、特点的理解，培养对课程理论学习和专业方向的兴趣。

（3）分析机构的组成，绘制机构运动简图，计算机构的自由度，理解各种运动副的组成和特点，分析机构中的虚约束、局部自由度和复合铰链，判断机构具有确定运动的条件。

三、实验设备和工具

（1）机械原理演示柜和各种机构模型；

（2）辅助测量工具；

（3）自备三角尺、圆规、铅笔、稿纸等。

四、实验原理

1. 对机器的认识

通过对实物模型和机构的观察，学生可以认识到，机器是由一个机构或几个机构按照一定运动要求组合而成的。所以只要掌握各种机构的运动特性，再去研究任何机器的特性就不困难了。在机械原理中，运动副是以两构件的直接接触形式的可动联接及运动特征来命名的，如高副、低副、转动副、移动副等。

2. 平面四杆机构

平面连杆机构中结构最简单、应用最广泛的是四杆机构。四杆机构分成三大类：铰链四杆机构、单移动副机构、双移动副机构。

（1）铰链四杆机构分为：曲柄摇杆机构、双曲柄机构、双摇杆机构，即根据两连架杆为曲柄还是摇杆来确定。

（2）单移动副机构。它是以一个移动副代替铰链四杆机构中的一个转动副演化而成的。单移动副机构可分为：曲柄滑块机构、曲柄摇块机构、转动导杆机构和摆动导杆机构等。

（3）双移动副机构。它是带有两个移动副的四杆机构，将其倒置也可得到。双移动副机构可分为：曲柄移动导杆机构、双滑块机构和双转块机构。

3. 凸轮机构

凸轮机构常用于把主动构件的连续运动转变为从动件严格地按照预定规律的运动。只要适当设计凸轮廓线，便可以使从动件获得任意的运动规律。由于凸轮机构结构简单、紧凑，因此广泛应用于各种机械、仪器及操纵控制装置中。

凸轮机构主要由三部分组成，即凸轮（它有特定的廓线）、从动件（它由凸轮廓线控制着）和机架。

凸轮机构的类型较多，学生在参观这部分时应了解各种凸轮的特点和结构，找出其中的共同特点。

4. 齿轮机构

齿轮机构是现代机械中应用最广泛的一种传动机构，具有传动准确、可靠、运转平稳、承载能力大、体积小、效率高等优点，广泛应用于各种机器中。根据轮齿的形状，齿轮可分为：直齿圆柱齿轮、斜齿圆柱齿轮、圆锥齿轮及蜗轮、蜗杆。根据主、从动轮两轴线的相对位置，齿轮传动又可分为：平行轴传动、相交轴传动、交错轴传动三大类。

（1）平行轴传动的类型有：外、内啮合直齿轮机构，斜齿圆柱齿轮机构，人字齿轮机构，齿轮齿条机构等。

（2）相交轴传动的类型有：圆锥齿轮机构，轮齿分布在一个截锥体上，两轴线夹角常为 $90°$。

（3）交错轴传动的类型有：螺旋齿轮机构、圆柱蜗轮蜗杆机构、弧面蜗轮蜗杆机构等。

在参观这部分时，学生应注意了解各种机构的传动特点、运动状况及应用范围等。

齿轮机构的参数有：齿数 z、模数 m、分度圆压力角 α、齿顶高系数 h_a^*、顶隙系数 c^* 等。

在参观这部分时,学生们一定要知道什么是渐开线？渐开线是如何形成的？什么是基圆、发生线？并注意观察基圆、发生线、渐开线三者间的关系，从而得出渐开线的性质。

在观察摆线的形成时，要了解什么是发生圆？什么是基圆？动点在发生圆上的位置发生变化时，能得到什么样的轨迹摆线？

最后通过参观总结出齿数、模数、压力角等参数的变化对齿形的影响。

5．周转轮系

通过各种类型周转轮系的动态模型演示，学生应该了解什么是定轴轮系？什么是周转轮系？根据自由度不同，周转轮系分为行星轮系和差动轮系，它们有什么异同点？差动轮系为什么能将一个运动分解为两个运动或将两个运动合成为一个运动？

周转轮系的功用、形式很多，各种类型都有其优缺点。在今后的应用中如何避开缺点、发挥优点等都是需要学生实验后认真思考和总结的问题。

6．其他常用机构

其他常用机构常见的有棘轮机构、摩擦式棘轮机构、槽轮机构、不完全齿轮机构；凸轮式间歇运动机构、万向节及非圆齿轮机构等。通过各种机构的动态演示，学生应知道各种机构的运动特点及应用范围。

7．机构的串、并联

展柜中展示有实际应用的机器设备、仪器仪表的运动机构。从这里可以看出，机器都是由一个或几个机构按照一定的运动要求串、并联组合而成的。所以在学习机械原理课程时一定要掌握好各类基本机构的运动特性，才能更好地去研究任何机构（复杂机构）的特性。

8．机构的运动简图测绘

机构的运动简图是工程上常用的一种图形，是用符号和线条来清晰、简明地表达出机构的运动情况，使人对机器的动作一目了然。在机器中，尽管各种机构的外形和功用各不相同，但只要是同种机构，其运动简图都是相同的。机构的运动仅与机构所具有的构件数目和构件所组成的运动副的数目、类型、相对位置有关。因此，在绘制机构运动简图时，可以不考虑构件的复杂外形、运动副的具体构造，而是用简单的线条和规定的符号来代表构件和运动副，并按一定的比例尺寸表示各运动副的相对位置，画出能准确表达机构运动特性的机构运动简图。

五、实验方法和步骤

（1）认真阅读和掌握教材中相关部分的理论知识（课前）。

（2）现场观察各种机构模型及其运动规律和特点，听录音和实验教师讲解。

（3）选择 2～3 种机构模型或机器，从原动件开始观察机构的运动，认清机架、原动件和从动件；根据运动传递的顺序，仔细分析相互连接的两构件间的接触方式及其相对运动形式，确定组成机构的构件数目及运动副的类型和数目；合理选择投影面，一般选择能够表达机构中多数构件的运动平面为投影面，绘制机构运动简图的草图，大致定出各运动副之间的相对位置，用规定的符号画出运动副，并用线条连接起来，然后用数字 1、2、3…及字母 A、B、C…分别标注相应的构件和运动副，并用箭头表示原动件的运动方向和运动形式，量出机构对应运动副间的尺寸，再将草图按比例画入实验报告中。

（4）计算自由度，并与实际机构对照，观察原动件数与自由度是否相等；计算公式：
$F = 3n - 2P_L - P_H$。

（5）对机构进行结构分析，并判断机构的级别。

（6）认真完成实验报告。

六、实验报告内容及要求

（1）根据现场观察结果，至少分析 6 种常见机构，包括机构的组成、基本原理和运动特点。

（2）在表 1.1 中绘出所选机构（至少两个）的运动简图。

表 1.1　机构名称及其运动简图

编号	机构名称	运动简图	自由度计算	判断原动件数及机构级别
1			$n=$　　　； $P_L=$　　　； $P_H=$　　　； $F=$	
2			$n=$　　　； $P_L=$　　　； $P_H=$　　　； $F=$	

七、思考题

（1）一个正确的机构运动简图能说明哪些问题？

（2）机构自由度的计算对测量绘制机构运动简图有何帮助？

实验二 刚性转子动平衡实验

一、实验目的

（1）加深对转子动平衡概念的理解。
（2）掌握刚性转子动平衡试验的原理及基本方法。

二、实验设备和工具

（1）JPH-A 型动平衡试验台；
（2）转子试件；
（3）平衡块；
（4）百分表（0～10 mm）。

三、JPH-A 型动平衡试验台的结构与工作原理

1. 动平衡机的结构

动平衡机的结构简图如图 2.1 所示。待平衡的转子试件 3 安放在框形摆架的支承滚轮上，摆架的左端固接在工字形板簧 2 中，右端呈悬臂。电动机 9 通过皮带 10 带动试件旋转；当试件有不平衡质量存在时，则产生离心惯性力，使摆架绕工字形板簧上下周期性地振动，通过百分表 5 可观察振幅的大小。

通过转子的旋转和摆架的振动，可测出试件的不平衡量（或平衡量）的大小和方位。这个测量系统由差速器 4 和补偿盘 6 组成。差速器安装在摆架的右端，它的左端为转动输入端（n_1），通过柔性联轴器与试件 3 联接；右端为输出端（n_3），与补偿盘相联接。差速器是由齿数和模数相同的 3 个圆锥齿轮和 1 个外壳为蜗轮的转臂 H 组成的周转轮系。

（1）当差速器的转臂蜗轮不转动时，$n_H = 0$，则差速器为定轴轮系，其传动比为

$$i_{31} = \frac{n_3}{n_1} = -\frac{z_1}{z_3} = -1$$

$$n_3 = -n_1 \tag{2-1}$$

这时补偿盘的转速 n_3 与试件的转速 n_1 大小相等、转向相反。

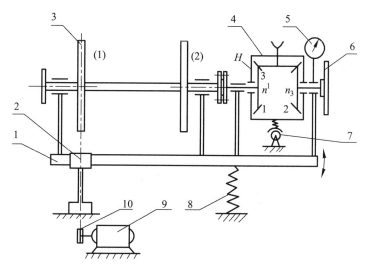

图 2.1　动平衡机的结构简图

1—摆架；2—工字形板簧；3—转子试件；4—差速器；5—百分表；6—补偿盘；
7—蜗杆；8—弹簧；9—电动机；10—皮带

（2）当 n_1 和 n_H 都转动时为差动轮系。周转轮系传动比计算公式如下：

$$i_{31}^{H} = \frac{n_3 - n_H}{n_1 - n_H} = -\frac{z_1}{z_3} = -1$$

$$n_3 = 2n_H - n_1 \tag{2-2}$$

蜗轮的转速 n_H 是通过手柄摇动蜗杆 7，经蜗杆蜗轮副在大速比的减速后得到的。因此，蜗轮的转速 $n_H \ll n_1$，当 n_H 与 n_1 同向时，由式（2-2）可得到 $n_3 < -n_1$，此时 n_3 的方向不变（与 n_1 反向），但速度减小。当 n_H 与 n_1 反向时，由式（2-2）可得出 $n_3 > -n_1$，这时 n_3 仍与 n_1 反向，但速度增加了。由此可知，当手柄不动，补偿盘的转速大小与试件相同、转向相反时，正向摇动手柄（蜗轮转速方向与试件转速方向相同）补偿盘减速，反向摇动手柄补偿盘加速。这样可改变补偿盘与试件圆盘之间的相对相位角（角位移）。这个结论的应用将在后面述说。

2. 转子动平衡的力学条件

由于转子材料的不均匀、制造的误差、结构的不对称等因素使转子存在不平衡质量。因此，当转子旋转后就会产生离心惯性力，组成一个空间力系，使转子动不平衡。要使转子达到动平衡，则必须满足空间力系的平衡条件：

$$\begin{cases} \sum \overline{F} = 0 \\ \sum \overline{M} = 0 \end{cases} \quad 或 \quad \begin{cases} \sum \overline{M}_A = 0 \\ \sum \overline{M}_B = 0 \end{cases} \tag{2-3}$$

这就是转子动平衡的力学条件。

3. 动平衡机的工作原理

当试件上有不平衡质量存在时，如图 2.2 所示，试件转动后则产生离心惯性力 $F = \omega^2 mr$，它可分解成垂直分力 F_y 和水平分力 F_x，由于平衡机的工字形板簧和摆架在水平方向（绕 y

轴）抗弯刚度很大，所以水平分力 F_x 对摆架的振动影响很小，可忽略不计。而在垂直方向（绕 x 轴）的抗弯刚度小，因此在垂直分力产生的力矩 $M = F_y \cdot l = \omega^2 mr \cos\varphi \cdot l$ 的作用下，使摆架产生周期性的上下振动（摆架振幅大小）的惯性力矩为

$$M_1 = 0, \qquad M_2 = \omega^2 m_2 r_2 l_2 \cos\varphi_2 \tag{2-4}$$

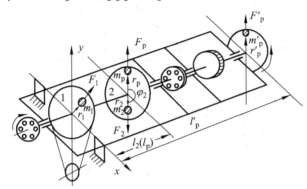

图 2.2　动平衡机的工作原理图

要使摆架不振动必须要平衡力矩 M_2。在试件上选择圆盘作为平衡平面，加平衡质量 m_p，则绕 x 轴的惯性力矩 $M_p = \omega^2 m_p r_p l_p \cos\varphi_p$。要使这些力矩得到平衡，可根据公式（2-3）来解决。

$$\sum \bar{M}_A = 0 \ , \quad M_2 + M_p = 0$$
$$\omega^2 m_2 r_2 l_2 \cos\varphi_2 + \omega^2 m_p r_p l_p \cos\varphi_p = 0 \tag{2-5}$$

消去 ω^2 得

$$m_2 r_2 l_2 \cos\varphi_2 + m_p r_p l_p \cos\varphi_p = 0 \tag{2-6}$$

要使式（2-6）为零必须满足

$$\begin{cases} m_2 r_2 l_2 = m_p r_p l_p \\ \cos\varphi_2 = -\cos\varphi_p = \cos(180° + \varphi_p) \end{cases} \tag{2-7}$$

满足式（2-7）的条件，摆架就不振动了。

式中，m（质量）和 r（矢径）之积称为质径积；mrl 称为质径矩；φ 称为相位角。

转子不平衡质量的分布有很大的随机性，无法直观判断它的大小和相位。因此很难用公式来计算平衡量，但可用实验的方法来解决，其方法如下：

选补偿盘作为平衡平面，补偿盘的转速与试件的转速大小相等但转向相反，这时的平衡条件也可按上述方法来求得。在补偿盘上加一个质量 m_p'（见图 2.2），则产生离心惯性力对 x 轴的力矩：

$$M_p' = \omega^2 m_p' r_p' l_p' \cos\varphi_p' \tag{2-8}$$

根据力系平衡公式（2-3）得

$$\sum \overline{M}_A = 0, \quad M_2 + M_p' = 0$$
$$m_2 r_2 l_2 \cos\varphi_2 + m_p' r_p' l_p' \cos\varphi_p' = 0 \tag{2-9}$$

要使式（2-9）成立必须有

$$\begin{cases} m_2 r_2 l_2 = m_p' r_p' l_p' \\ \cos\varphi_2 = -\cos\varphi_p' = \cos(180° - \varphi_p') \end{cases} \tag{2-10}$$

式（2-10）与式（2-7）基本一样，只有一个正负号不同。

从图 2.3 中可进一步比较两种平衡面进行平衡的特点。图 2.3 是满足平衡条件平衡质量与不平衡质量之间的相位关系。图 2.3（a）为平衡平面在试件上的平衡情况，在试件旋转时平衡质量与不平衡质量始终在一个轴平面内，但矢径方向相反。图 2.3（b）是补偿盘为平衡平面，m_2 和 m_p' 在各自的旋转中只有到 $\varphi_p' = 0°$ 或 $180°$、$\varphi_2 = 180°$ 或 $0°$ 时，它们处在垂直轴平面内与图 2.3（a）一样达到完全平衡。其他位置时，它们的相对位置关系如图 2.3（c）所示，为 $\varphi_2 = 180° - \varphi_p'$。图 2.3（c）这种情况，$y$ 分力矩是满足平衡条件的，而 x 分力矩未满足平衡条件。

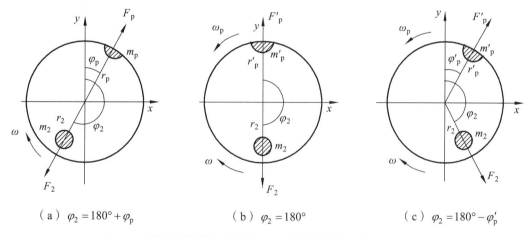

（a）$\varphi_2 = 180° + \varphi_p$ （b）$\varphi_2 = 180°$ （c）$\varphi_2 = 180° - \varphi_p'$

图 2.3 满足平衡条件平衡质量与不平衡质量之间的相位关系

用补偿盘作为平衡平面来实现摆架的平衡可这样操作：在补偿盘的任何位置（最好选择在靠近缘处）试加一个适当的质量，在试件旋转的状态下摇动蜗杆手柄使蜗轮转动（正转或反转），这时补偿盘减速或加速转动。摇动手柄同时观察百分表的振幅使其达到最小，这时停止转动手柄。停机后，在原位置再加一些平衡质量，再开机，左右转动手柄，如振幅已很小，可认为摆架已达到平衡。最后将调整好的平衡质量转到最高位置，这时的垂直轴平面就是 m_p' 和 m_2 同时存在的轴平面。

摆架平衡不等于试件平衡，还必须把补偿盘上的平衡质量转换到试件的平衡面上。选试件圆盘 2 为待平衡面，根据平衡条件：

$$m_p r_p l_p = m_p' r_p' l_p'$$
$$m_p r_p = m_p' r_p' \frac{l_p'}{l_p} \tag{2-11}$$

或
$$m_{\mathrm{p}} = m_{\mathrm{p}}' \frac{r_{\mathrm{p}}' l_{\mathrm{p}}'}{r_{\mathrm{p}} l_{\mathrm{p}}}$$

若取 $\dfrac{r_{\mathrm{p}}' l_{\mathrm{p}}'}{r_{\mathrm{p}} l_{\mathrm{p}}} = 1$，则 $m_{\mathrm{p}} = m_{\mathrm{p}}'$。

式（2-11）中 $m_{\mathrm{p}}' r_{\mathrm{p}}'$ 是所加的补偿盘上平衡量质径积；m_{p}' 是平衡块质量；r_{p}' 是平衡块所处位置的半径（有刻度指示）；l_{p}、l_{p}' 是平衡面至板簧的距离。这些参数都是已知的，这样就求得了在待平衡面 2 上应加的平衡量质径积 $m_{\mathrm{p}} r_{\mathrm{p}}$。一般情况，选择半径 r 求出 m 加到平衡面 2 上，其位置在 m_{p}' 最高位置的垂直轴平面中，本动平衡机及试件在设计时已取 $\dfrac{r_{\mathrm{p}}' l_{\mathrm{p}}'}{r_{\mathrm{p}} l_{\mathrm{p}}} = 1$，所以 $m_{\mathrm{p}} = m_{\mathrm{p}}'$，这样可取下补偿盘上平衡块 m_{p}' 直接加到待平衡面相应的位置，这样就完成了第一步平衡工作。根据力系平衡条件（2-3），到此才完成一项 $\sum \bar{M}_{\mathrm{A}} = 0$，还必须做 $\sum \bar{M}_{\mathrm{B}} = 0$ 的平衡工作，这样才能使试件达到完全平衡。

第二步平衡工作：将试件从平衡机上取下，重新安装，以圆盘 2 为驱动轮，再按上述方法求出平衡面 1 上的平衡量（质径积 $m_{\mathrm{p}} r_{\mathrm{p}}$ 或 m_{p}）。这样整个平衡工作全部完成。

四、实验方法和步骤

（1）将平衡试件装到摆架的滚轮上，把试件右端的联轴器盘与差速器轴端的联轴器盘用弹性柱销柔性联成一体，装上传动皮带。

（2）用手转动试件和摇动蜗杆上的手柄，检查动平衡机各部分转动是否正常。松开摆架最右端的两对锁紧螺母，调节摆架上面的安放在支承杆上的百分表，使之与摆架有一定的接触，并随时注意振幅大小。

（3）开机前将试件右端圆盘上装上适当的待平衡质量（4 块平衡块），接上电源启动电机，待摆架振动稳定后，调整好百分表的位置并记录下振幅大小 y_0（格），百分表的位置调整好以后不要变动，停机。

（4）在补偿盘的槽内距轴心最远处加上一个适当的平衡质量（2 块平衡块）。开机后，摇动手柄观察百分表振幅变化，手柄摇到振幅最小时，停止摇动。记录下振幅大小 y_1 和蜗轮位置角 β_1（差速器外壳上有刻度指示），停机。（摇动手柄要讲究方法：蜗杆安装在机架上，蜗轮安装在摆架上，两者之间有很大的间隙。蜗杆转动到适当位置可与蜗轮不接触，这样才能使摆架自由地振动，这时观察的振幅才是正确的。摇动手柄蜗杆接触蜗轮使蜗轮转动，这时摆动振动受阻，反摇手柄使蜗杆脱离与蜗轮接触，使摆架自由地振动，再观察振幅。这样间歇性地使蜗轮向前转动和观察振幅变化，最终找到振幅最小值的位置）。在不改变蜗轮位置的情况下，停机后，按试件转动方向用手转动试件，使补偿盘上的平衡块转到最高位置。取下平衡块安装到试件的平衡面（圆盘 2）中相应的最高位置槽内。

（5）在补偿盘内再加一点平衡质量（1～2 块平衡块），按上述方法再进行一次测试。测得振幅 y_2 和蜗轮位置角 β_2，若 $y_2 < y_1 < y_0$，β_1 与 β_2 相同或略有改变，则表示实验正确。若 y_2 已很小，可视为已达到平衡。停机，按步骤（4）将补偿盘上的平衡块移到试件圆盘 2 上。解开联轴器，开机让试件自由转动，若振幅依然很小，则第一步平衡工作结束。若还存在一些

振幅,可适当地调节一下平衡块的相位,即在圆周方向左右移动一个平衡块微调相位和大小。

（6）将试件两端 180° 对调,即这时圆盘 2 为驱动盘,圆盘 1 为平衡面。再按上述方法找出圆盘 1 上应加的平衡质量。这样就完成了试件的全部平衡工作。

五、注意事项

（1）动平衡的关键是找准相位,第一次就要把相位找准,当试件接近平衡时相位就不灵敏了。所以 β_1、β_2 是主要位置角。

（2）若试件振动不明显可人为地加一些不平衡块。

六、思考题

（1）摇动蜗杆手柄的目的是什么?若满足指导书中如图 2.3（c）所示的情形,状态机器是否还在振动?是否完全满足了平衡条件?

（2）做好该实验的关键是什么?应该怎样做?

（3）本机的 $\dfrac{r'_p l'_p}{r_p l_p}$ 为多少?这样做的目的是什么?

实验三　渐开线齿轮范成实验

一、实验目的

（1）掌握用范成法加工渐开线齿轮的基本原理，观察渐开线齿轮齿廓曲线的形成过程。

（2）了解渐开线齿轮齿廓的根切现象和用径向变位避免根切的方法。

（3）分析比较标准齿轮与变位齿轮齿形的异同。

二、实验设备和工具

（1）齿轮范成仪，如图 3.1 所示；

（2）圆规、三角尺、图纸、铅笔等。

三、齿轮加工原理和方法

　　齿轮加工的方法基本上有两种：范成法和仿形法。由于范成法可以用一把刀具加工出不同齿数和变位系数的渐开线齿轮，同时具有较高的精度，故其应用最为广泛。

　　范成法是利用一对齿轮相互啮合时其共轭齿廓互为包络线的原理来加工齿轮的。加工时其中一个为刀具，另一个为轮坯，它们和一对真正的齿轮相互啮合传动一样，保持固定的角速比传动，同时刀具还沿着轮坯的轴线做切削运动，这样得到的齿轮的齿廓就是刀具刀刃在各个位置的包络线。若用渐开线作为刀具的齿廓，则包络线必为渐开线。由于实际加工时看不到刀刃在各个位置形成包络线的过程，故通过齿轮范成仪来实现轮坯与刀具间的传动过程，并用铅笔将刀具刀刃的各个位置描绘在图纸上，这时就能清楚地观察到齿轮范成的过程。

　　范成仪的构造如图 3.1 所示，圆盘 1 绕其固定轴心 O 转动。圆盘下面的盘缘刻有凹槽，槽内绕有钢丝 2，钢丝绕在槽内以后，其中心线所形成的圆应等于被加工齿轮的分度圆。钢丝的一端固定在横滑板 3 上的 a 处，另一端固定在 b 处。横滑板可以在机架上沿水平方向移动，通过钢丝的作用使圆盘相对于横滑板做无滑动滚动，保证了固定角速比传动，即 $v = r\omega$。刀具 5 是由螺钉 6 固定在横滑板 3 上的，放松螺钉可使刀具相对于横滑板上下移动，从而可调节刀具中线至轮坯中心的距离。

　　模拟齿轮的加工过程，首先将刀具推到左方的极限位置，并在图纸上用削尖的铅笔描出齿条刀具的齿形，这就相当于刀具在此位置切削一次留下的刀痕。再将齿条刀具由左向右推过很小一段距离，此时压紧在圆盘上的图纸将随之转过一定的角度，并用铅笔描出该位置上刀具刀刃形状。认真描出刀具在各个位置上的齿形，直到描出 2～3 个完整的齿形为止。

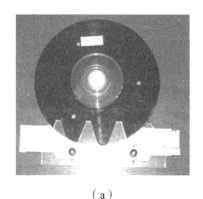
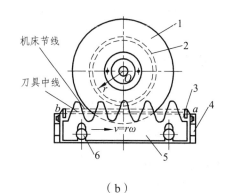

（a） （b）

图 3.1　齿轮范成仪示意图

1—圆盘；2—钢丝；3—横滑板；4—机架；5—刀具；6—螺钉

四、实验内容

本实验所用的范成仪有 3 种规格：齿轮的压力角 $\alpha = 20°$；齿顶高系数 $h_a^* = 1$；顶隙系数 $c^* = 0.25$。但齿数 z 与模数 m 不同，它们分别为

① $m = 20$、$z = 10$；

② $m = 15$、$z = 10$；

③ $m = 16$、$z = 17$。

被加工齿轮的分度圆直径 $d = 200\ \text{mm}$。

实验时每个同学须完成以下内容：

1. 范成标准齿轮

使用①、②两种范成仪的学生可看到所范成的齿廓有明显的根切现象，其原因是齿数 $z = 10$，少于不根切的最少齿数 $z_{\min}$，范成时刀具的齿顶线超过啮合极限点 N，而产生根切。

使用③范成仪的学生所范成的齿廓没有根切现象，这是因为所范成的齿轮的齿数 $z = 17 = z_{\min}$，范成时刀具的齿顶线通过 N 点，因而没有根切。

2. 范成变位齿轮

使用①、②两种范成仪的学生可看到范成变位系数 $x = 0.5$ 的正变位齿轮，其齿廓没有根切现象。这是因为，在 $z = 10$ 时不根切的最小变位系数为

$$x_{\min} = h_a^* \cdot \frac{z_{\min} - z}{z_{\min}} = 1 \times \frac{17 - 10}{17} \approx 0.41$$

而实验所用的变位系数 $x = 0.5$，$x > x_{\min}$。因此，把刀具由加工标准齿轮的位置远离轮心平移 xm 距离后，刀具的齿顶线就低于 N 点，因而根切消除。

使用③范成仪的学生可看到范成变位系数 $x = -0.5$ 的负变位齿轮，其齿廓有根切现象。这是因为，在范成 $z = 17$ 的标准齿轮时刀具的齿顶通过 N 点，而将刀具向轮心平移 xm 距离后，

刀具的齿顶线超过 N 点，因而产生根切。

五、实验步骤

要求绘制一个标准齿轮（ $x=0$ ）和一个变位齿轮（ $x\neq0$ ）。

1. 绘制标准渐开线齿轮（ $x=0$ ）

（1）根据已知的分度圆直径 $d=200\text{ mm}$ ，计算出基圆直径 d_b 、齿顶高 h_a 、齿顶圆直径 d_a 、齿根圆直径 d_f 和分度圆齿厚 s ，并填入表 3.1 中。

表 3.1 标准齿轮尺寸计算

序 号	名 称	公 式	计算数据
1	基圆直径	$d_b=d\cos\alpha$	
2	齿顶高	$h_a=h_a^*m$	
3	齿顶圆直径	$d_a=d+2h_a^*m$	
4	齿根圆直径	$d_f=d-2h_f^*m$	
5	分度圆齿厚	$s=\pi m/2$	

（2）将图纸安装在圆盘上面，并在其上画出齿轮的分度圆、基圆、齿顶圆和齿根圆。

（3）调整齿条刀具，使齿条刀具的中线与被切齿轮的分度圆相切，然后描绘出 2~3 个完整的齿形。

（4）测量分度圆齿厚 s 和齿槽宽 e ，并与计算结果进行比较。

2. 绘制变位齿轮（ $x>0$ 或 $x<0$ ）

（1）计算出变位系数 x 和变位量 xm ，并填入表 3.2 中。 x 的选择应使齿轮没有根切现象，即

$$x\geqslant x_{\min}=\frac{h_a^*(z_{\min}-z)}{z_{\min}}$$

（2）计算出齿轮的基圆直径 d_b 、齿顶高 h_a 、齿顶圆直径 d_a 、齿根圆直径 d_f 和分度圆齿厚 s ，并填入表 3.2 中。

（3）将图纸装在圆盘上，并将 d 、 d_b 、 d_a 绘在图纸上。

（4）调整齿条刀具的位置，使齿条刀具的中线离开与被切齿轮的分度圆，并相距 xm 的距离，然后描绘出 2~3 个完整的齿形。

表 3.2 变位齿轮尺寸计算

序 号	名 称	公 式	计算数据
1	变位系数	$x\geqslant x_{\min}=\dfrac{h_a^*(z_{\min}-z)}{z_{\min}}$	
2	齿条刀具变位量	xm	

序　号	名　称	公　式	计算数据
3	基圆直径	$d_b = d\cos\alpha$	
4	齿顶高	$h_a = (h_a^* + x)m$	
5	齿顶圆直径	$d_a = d + 2m(h_a^* + x)$	
6	齿根圆直径	$d_f = d - 2m(h_a^* + c^* + x)$	
7	分度圆齿厚	$s = m(\pi/2 + 2x\tan\alpha)$	

六、实验报告内容

（1）实验目的。

（2）实验设备及切削刀具的主要参数：m、α、h_a^*、c^*。

（3）被加工齿轮的齿数及主要几何尺寸 d、d_b、h_a、d_a、s（分标准渐开线齿轮和变位渐开线齿轮两种情况）。

（4）实验结果分析：比较标准齿轮和变位齿轮的齿形有什么不同，并分析其原因。哪些尺寸发生变化，并分析其原因。将结论填入表 3.3 中。

表 3.3　实验结果分析表

项　目	齿厚 s	齿槽宽 e	齿距 p	齿顶厚 s_a	基圆齿厚 s_b	齿根圆直径 d_f	齿顶圆直径 d_a	分度圆直径 d	基圆直径 d_b
标准齿轮									
正变位齿轮									
负变位齿轮									

实验四　渐开线直齿圆柱齿轮参数的测定

一、实验目的

（1）掌握应用游标卡尺测定渐开线直齿圆柱齿轮基本参数的方法。

（2）巩固并熟悉齿轮的各部分尺寸、参数之间的关系和渐开线的性质。

二、实验设备和工具

（1）齿轮；

（2）游标卡尺；

（3）计算器（自备）。

三、实验原理和方法

本实验要测定和计算的渐开线直齿圆柱齿轮的基本参数有：齿数 z、模数 m、分度圆压力角 α、齿顶高系数 h^*、径向间隙系数 c^* 和变位系数 x 等。

1. 确定模数 m（或径节 D_p）和压力角 α

要确定 m 和 α，首先应测出基圆齿距 p_b。因渐开线的法线切于基圆，故由图 4.1 可知，基圆切线与齿廓垂直。因此，用游标卡尺跨过 k 个齿，测得齿廓间的公法线距离为 W_k mm；再跨过 $k+1$ 个齿，测得齿廓间的公法线距离为 W_{k+1} mm。为保证卡尺的两个卡爪与齿廓的渐开线部分相切，跨齿数 k 应根据被测齿轮的齿数参考表 4.1 决定。

表 4.1　齿数与跨齿数的对应关系

z	12～18	19～27	28～36	37～45	46～54	55～63	64～72	73～81
k	2	3	4	5	6	7	8	9

由渐开线的性质可知，齿廓间的公法线与所对应的基圆上圆弧长度相等，因此得

$$W_k = (k-1)p_b + s_b$$

同理

$$W_{k+1} = kp_b + s_b$$

消去 s_b，则基圆齿距为

$$p_b = W_{k+1} - W_k$$

根据所测得的基圆齿距 p_b，查表 4.5 可得出相应的 m（或 D_p）和 α。

因为 $p_b = \pi m \cos \alpha$，且式中 m 和 α 都已标准化，所以可查出其相应的模数 m 和压力角 α。

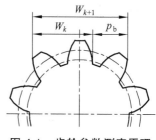

图 4.1　齿轮参数测定原理

2. 确定变位系数 x

要确定齿轮是标准齿轮还是变位齿轮，首先要确定齿轮的变位系数。因此，应按测得的数据代入下列公式计算出基圆齿厚 s_b：

$$s_b = W_{k+1} - kp_b = W_{k+1} - k(W_{k+1} - W_k) = kW_k - (k-1)W_{k+1}$$

得到 s_b 后，则可利用基圆齿厚公式推导出变位系数 x。由于

$$
\begin{aligned}
s_b &= \frac{r_b}{r}s + 2r_b \text{inv}\alpha \\
&= \frac{r\cos\alpha}{r}\left(\frac{\pi m}{2} + 2xm\tan\alpha\right) + 2r\cos\alpha\,\text{inv}\alpha \\
&= \left(\frac{\pi}{2} + 2x\tan\alpha\right)m\cos\alpha + mz\cos\alpha\,\text{inv}\alpha
\end{aligned}
$$

则

$$x = \frac{\dfrac{s_b}{m\cos\alpha} - \dfrac{\pi}{2} - z\,\text{inv}\alpha}{2\tan\alpha}$$

式中，$\text{inv}\alpha = \tan\alpha - \alpha$，$\alpha$ 为弧度。

3. 确定齿顶高系数 h_a^* 和径向间隙系数 c^*

当被测齿轮的齿数为偶数时，可用卡尺直接测得齿顶圆直径 d_a 及齿根圆直径 d_f。如果被测齿轮齿数为奇数时，则应先测量出齿轮轴孔直径 $d_{孔}$，然后再测量孔到齿顶的距离 $H_{顶}$ 和轴孔到齿根的距离 $H_{根}$，如图 4.2 所示，可得

$$
\begin{cases}
d_a = d_{孔} + 2H_{顶} \\
d_f = d_{孔} + 2H_{根}
\end{cases}
$$

又因为

$$
\begin{cases}
d_a = mz + 2h_a^* m + 2xm \\
h = 2h_a^* m + c^* m
\end{cases}
$$

由此推导出 h_a^* 及 c^* 得

$$
\begin{cases}
h_a^* = \dfrac{1}{2}\left(\dfrac{d_a}{m} - z - 2x\right) \\
c^* = \dfrac{h}{m} - 2h_a^*
\end{cases}
$$

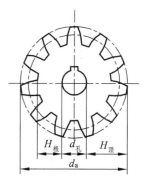

图 4.2　单齿数测量方法

四、实验步骤

（1）直接数出被测齿轮的齿数 z。

（2）测量 W_k、W_{k+1}、d_a 和 d_f，每个尺寸应测量 3 次，分别填入表 4.2 ~ 4.4。

表 4.2　公法线测量数据

齿轮号数 No:		齿轮齿数 $z=$	
第 1 次	第 2 次	第 3 次	平均值
W_k			
W_{k+1}			

表 4.3　偶数齿齿轮齿顶圆直径和齿根圆直径的测量数据

偶数齿齿轮齿数 $z=$		
测量序号	齿顶圆直径 d_a	齿根圆直径 d_f
1		
2		
3		
平均值		

表 4.4　奇数齿齿轮齿顶圆直径和齿根圆直径的测量数据

奇数齿齿轮齿数 $z=$					
测量序号	齿顶圆直径 d_a			齿根圆直径 d_f		
	$d_孔$	$H_顶$	$d_a=d_孔+2H_顶$	$d_孔$	$H_根$	$d_f=d_孔+2H_根$
1						
2						
3						
平均值						

五、实验报告内容

（1）实验目的。

（2）被测齿轮的已知参数和测量数据。

（3）齿轮参数及尺寸计算：

① 基圆齿距 $p_b=W_{k+1}-W_k$，并由 p_b 值查表 4.5，确定 m、α。

② 基圆齿厚 $s_b=kW_k-(k-1)W_{k+1}$。

③ 变位系数 $x=\dfrac{\dfrac{s_b}{m\cos\alpha}-\dfrac{\pi}{2}-z\,\mathrm{inv}\,\alpha}{2\tan\alpha}$。

④ 分度圆齿厚 $s = \left(\dfrac{\pi}{2} + 2x\tan\alpha \right) m$。

⑤ 齿全高 $h = \dfrac{d_{\mathrm{a}} - d_{\mathrm{f}}}{2}$。

⑥ 齿顶高系数 $h_{\mathrm{a}}^{*} = \dfrac{1}{2} \left(\dfrac{d_{\mathrm{a}}}{m} - z - 2x \right)$。

⑦ 径向间隙系数 $c^{*} = \dfrac{h}{m} - 2h_{\mathrm{a}}^{*}$。

表 4.5　基圆齿距 $p_{\mathrm{b}} = \pi m\cos\alpha$ 的数值

模　数	$p_{\mathrm{b}} = \pi m\cos\alpha$		
m	$\alpha = 25°$	$\alpha = 20°$	$\alpha = 15°$
1	2.902	2.952	3.053
1.25	3.682	3.690	3.793
1.5	4.354	4.428	4.552
1.75	5.079	5.166	5.310
2	5.805	5.904	6.096
2.25	6.530	6.642	6.828
2.5	7.256	7.380	7.586
2.75	7.982	8.118	8.345
3	8.707	8.856	9.104
3.25	9.433	9.594	9.862
3.5	10.159	10.332	10.621
3.75	10.884	11.071	11.379
4	11.610	11.808	12.138
4.5	13.061	13.285	13.655
5	14.512	14.761	15.173
5.5	15.963	16.237	16.690
6	17.415	17.731	18.207
6.5	18.886	19.189	19.724
7	20.317	20.665	21.242
8	23.220	23.617	24.276
9	26.122	26.569	27.311
10	29.024	29.521	30.345
11	31.927	32.473	33.380

模　数	$p_b = \pi m \cos\alpha$		
12	34.829	35.426	36.414
13	37.732	38.378	39.449
14	40.634	41.330	42.484
15	43.537	44.282	45.518
16	46.439	47.234	48.553
18	52.244	53.138	54.622
20	58.049	59.043	60.691
22	63.854	64.947	66.760
25	72.561	73.803	75.864
28	81.278	82.660	84.968
30	87.070	88.564	91.040
33	95.787	97.419	100.140
36	104.487	106.278	109.242
40	116.098	118.086	121.380
45	130.610	132.850	136.550
50	145.120	147.610	151.730

六、思考题

（1）测量时，卡尺的量足若是放在渐开线齿廓的不同位置，对所测定的 W_k，W_{k+1} 有无影响？为什么？

（2）在测量齿根圆直径 d_f、齿顶圆直径 d_a 时，对偶数齿与奇数齿的齿轮在测量方法上有什么不同？

第二部分

机械设计课程实验

实验五　机械零件认识实验

一、实验目的

（1）初步了解"机械设计"所研究的各种常用零件的结构、类型、特点及应用。

（2）了解各种标准零件的结构形式及相关的国家标准。

（3）了解各种传动的特点及应用。

（4）了解各种常用的润滑剂及相关的国家标准。

（5）增强对各种零部件结构的感性认识。

二、实验内容

（1）陈列室展示各种常用零部件的模型和实物，通过展示，增强学生对零部件的感性认识。

（2）实验教师只做简单介绍，提出问题，供学生思考；学生通过观察，增加对常用零部件的结构、类型、特点的理解，培养对课程理论学习和专业方向的兴趣。

三、实验设备和工具

机械零部件陈列室展柜及各种零部件模型和实物。

四、实验原理

1. 螺纹联接

螺纹联接是利用螺纹零件工作的，主要用作紧固零件，基本要求是保证联接强度及联接可靠性。同学们应了解如下内容：

（1）螺纹的种类。常用的螺纹主要有普通螺纹、米制锥螺纹、管螺纹、梯形螺纹、矩形螺纹和锯齿螺纹。前3种主要用于联接，后3种主要用于传动。除矩形螺纹外，都已标准化。除管螺纹保留英制外，其余都采用米制螺纹。

（2）螺纹联接的基本类型。常用的螺纹联接有普通螺栓联接、双头螺柱联接、螺钉联接及紧定螺钉联接。除此之外，还有一些特殊结构联接。如专门用于将机座或机架固定在地基上的地脚螺栓联接，装在大型零部件的顶盖或机器外壳上便于起吊用的吊环螺钉联接及应用在设备中的 T 形槽螺栓联接等。

（3）螺纹联接的防松。防松的根本问题在于防止螺旋副在受载时发生相对转动。防松的方法，按其工作原理可分为摩擦防松、机械防松和铆冲防松等。摩擦防松简单、方便，但没有机械防松可靠。对于重要联接，特别是在机器内部的不易检查的联接，应采用机械防松。常见的摩擦防松方法有对顶螺母、弹簧垫圈及自锁螺母等；机械防松方法有开口销与六角开槽螺母、止动垫圈及串联钢丝等；铆冲防松主要是将螺母拧紧后把螺栓末端伸出部分铆死，或利用冲头在螺栓末端与螺母的旋合处打冲，利用冲点防松。

（4）提高螺纹联接强度的措施。

① 受轴向变载荷的紧固螺栓联接，一般是因疲劳而破坏。为了提高疲劳强度，减小螺栓的刚度，可适当增加螺栓长度，或采用腰状杆螺栓与空心螺栓。

② 不论螺栓联接的结构如何，所受的拉力都是通过螺栓和螺母的螺纹牙相接触来传递的。由于螺栓和螺母的刚度与变形的性质不同，各圈螺纹牙上的受力也是不同的。为了改善螺纹牙上载荷分布不均的程度，常用悬置螺母或钢丝螺套来减小螺栓旋合段本来受力较大的几圈螺纹牙的受力面。

③ 为了提高螺纹联接强度，还应减小螺栓头和螺栓杆的过渡处所产生的应力集中。为了减小应力集中的程度，可采用较大的过渡圆角和卸载结构。在设计、制造和装配上应力求避免螺纹联接产生附加弯曲应力，以免降低螺栓强度。

④ 采用合理的制造工艺方法来提高螺栓的疲劳强度。如采用冷镦螺栓头部和滚压螺纹的工艺方法或采用表面氮化、氰化、喷丸等处理工艺。

在掌握上述内容的基础上，通过参观螺纹联接展柜，学生应：① 区分什么是普通螺纹、管螺纹、梯形螺纹和锯齿螺纹；② 认识什么是普通螺纹、双头螺纹、螺钉及紧定螺钉联接；③ 认识摩擦防松与机械防松的零件；④ 了解联接螺栓的光杆部分做得比较细的原因是什么等。

2. 标准联接零件

标准联接零件一般是由专业企业按国标（GB）成批生产，供应市场的。这类零件的结构形式和尺寸都已标准化，设计时可根据有关标准选用。通过实验，学生要能区分螺栓与螺钉；了解各种标准化零件的结构特点、使用情况；了解各类零件有哪些标准代号，以提高学生对标准化的意识。

（1）螺栓。螺栓一般是与螺母配合使用以联接被联接零件，无需在被联接的零件上加工螺纹，其联接结构简单、装拆方便、种类较多、应用最广泛。其国家标准有：GB 5782 ~ 5786 六角头螺栓；GB 31.1 ~ 31.3 六角头带孔螺栓；GB 8 方头螺栓；GB 27 六角头铰制孔用螺栓；GB 37 T 形槽用螺栓；GB 799 地脚螺栓及 GB 897 ~ 900 双头螺栓等。

（2）螺钉。螺钉联接不用螺母，而是紧定在被联接件之一的螺纹孔中，其结构与螺栓相同，但头部形状较多，以适应不同的装配要求，常用于结构紧凑的场合。其国家标准有：GB 65 开槽圆柱头螺钉；GB 67 开槽盘头螺钉；GB 68 开槽沉头螺钉；GB 818 十字槽盘头螺钉；GB 819 十字槽沉头螺钉；GB 820 十字槽半沉头螺钉；GB 70 内六角圆柱头螺钉；GB 71 开槽锥端紧定螺钉；GB 73 开槽平端紧定螺钉；GB 74 开槽凹端紧定螺钉；GB 75 开槽长圆柱端紧定螺钉；GB 834 滚花高头螺钉；GB 77 ~ 80 内六角紧定螺钉；GB 83 ~ 86 方头紧定螺钉；

GB 845～847 十字自攻螺钉；GB 5282～5284 开槽自攻螺钉；GB 6560～6561 十字头自攻锁紧螺钉；GB 825 吊环螺钉等。

（3）螺母。螺母形式很多，按形状可分为六角螺母、四方螺母及圆螺母；按联接用途可分为普通螺母、锁紧螺母及悬置螺母等。应用最广泛的是六角螺母及普通螺母。其国家标准有：GB 6170～6171 六角螺母；GB 6175～6176 1 型及 2 型 A、B 级六角螺母；GB 41 1 型 C 级螺母；GB 6172 A、B 级六角薄螺母；GB 6173 A、B 六角薄型细牙螺母；GB 6178、GB 6180 1、2 型 A、B 级六角开槽螺母；GB 9457～9458 1、2 型 A、B 级六角开槽细牙螺母；GB 56 六角厚螺母；GB 6184 六角锁紧螺母；GB 39 方螺母；GB 806 滚花高螺母；GB 923 盖形螺母；GB 805 扣紧螺母；GB 812 圆螺母；GB 810 小圆螺母；GB 62 蝶形螺母等。

（4）垫圈。垫圈分为平垫圈、弹簧垫圈及锁紧垫圈等。平垫圈主要用于保护被联接件的支承面，弹簧及锁紧垫圈主要用于摩擦和机械防松场合。其国家标准有：GB 97.1～97.2 平垫圈 A 级；GB 95～96 平垫圈 C 级；GB 848 小垫圈 A 级；GB 5287 特大平垫圈 C 级；GB 852 工字钢用方斜垫圈；GB 853 槽钢用方斜垫圈；GB 861.1～862.1 内齿、外齿锁紧垫圈；GB 93 标准型弹簧垫圈；GB 7244 重型弹簧垫圈；GB 859 轻型弹簧垫圈；GB 854～855 单耳、双耳止动垫圈；GB 856 外舌止动垫圈；GB 858 圆螺母止动垫圈。

（5）挡圈。挡圈常用于轴端零件固定之用。其国家标准有：GB 891～892 螺钉、螺栓紧固轴端挡圈；GB 893.1～893.2 A 型、B 型孔用弹性挡圈；GB 894.1～894.2 A 型、B 型轴用弹性挡圈；GB 895.1～895.2 孔用、轴用钢丝挡圈；GB 886 轴肩挡圈等。

3. 键、花键及销联接

（1）键联接。键是一种标准零件，通常用来实现轴与轮毂之间的周向固定以传递转矩，有的还能实现轴上零件的轴向固定或轴向滑动的导向。其主要类型有：平键联接、楔键联接和切向键联接。各类键使用的场合不同，键槽的加工工艺也不同，可根据键联接的结构特点、使用要求和工作条件来选择，键的尺寸则应根据符合标准规格和强度要求来取定。其国家标准有：GB 1096～1099 各类普通平键、导向键及各类半圆键；GB 1563～1566 各类楔键、切向键及薄型平键等。

（2）花键联接。花键联接由外花键和内花键组成，适用于定心精度要求高、载荷大或经常滑移的联接。花键联接的齿数、尺寸、配合等均按标准选取，可用于静联接或动联接。按其齿形可分为矩形花键（GB 1144）和渐开线花键（GB 3478.1），前一种由于多齿工作，具有承载能力高、对中性好、导向性好、齿根较浅、应力集中较小、轴与毂强度削弱小等优点，广泛应用在飞机、汽车、拖拉机、机床及农业机械传动装置中；渐开线花键联接，受载时齿上有径向力，能起到定心作用，使各齿受力均匀，具有强度大、寿命长等特点，主要用于载荷较大、定心精度要求较高以及尺寸较大的联接。

（3）销联接。销主要用于固定零件之间的相对位置时，称为定位销，它是组合加工和装配时的重要辅助零件；用于联接时，称为联接销，可传递不大的载荷；作为安全装置中的过载剪断元件时，称为安全销。

销有多种类型，如圆锥销、槽销、销轴和开口销等，这些均已标准化，主要国标代号有：GB 119、GB 20、GB 878、GB 879、GB 117、GB 118、GB 881、GB 877 等。

各种销都有各自的特点，如圆柱销多次拆装会降低定位精度和可靠性；锥销在受横向力时可以自锁，安装方便，定位精度高，多次拆装不影响定位精度等。

以上几种联接，同学们要仔细观察其结构、使用场合，并能分清和认识以上各类零件。

4. 机械传动

机械传动有螺旋传动、带传动、链传动、齿传动及蜗杆传动等。各种传动都有不同的特点和使用范围，这些传动知识在"机械设计"课程中都有详细讲授。这里主要通过实物观察，增加同学们对各种机械传动知识的感性认识，为今后的理论学习及课程设计打下良好的基础。

（1）螺旋传动。螺旋传动是利用螺纹零件工作的，作为传动件要求保证螺旋副的传动精度、效率和磨损寿命等。其螺纹种类有矩形螺纹、梯形螺纹、锯齿螺纹等。按其用途可分为传力螺旋、传导螺旋及调整螺旋3种；按摩擦性质不同可分为滑动螺旋、滚动螺旋及静压螺旋等。

滑动螺旋常为半干摩擦，摩擦阻力大、传动效率低（一般为 30% ~ 60%）；但其结构简单、加工方便、易于自锁、运转平稳，不过在低速时可能出现爬行；其螺纹有侧向间隙，反向时有空行程，定位精度和轴向刚度较差，要提高精度必须采用消隙机构；磨损快。滑动螺旋应用于传力或调整螺旋时，要求自锁，常采用单线螺纹；用于传导时，为了提高传动效率及直线运动速度，常采用多线螺纹（线数 $n = 3 ~ 4$）。滑动螺旋主要应用于金属切削机床进给、分度机构的传导螺纹、摩擦压力机及千斤顶的传动。

滚动螺旋因螺旋中含有滚珠或滚子，在传动时摩擦阻力小，传动效率高（一般在 90% 以上）；具有起动力矩小、传动灵活、工作寿命长等优点，但结构复杂，制造较难；滚动螺旋具有传动可逆性（可以把旋转运动变为直线运动，也可把直线运动变为旋转运动），为了避免螺旋副受载时逆转，应设置防止逆转的机构；其运转平稳，起动时无颤动，低速时不爬行；螺母与螺杆经调整预紧后，可得到很高的定位精度（6 μm/0.3 m）和重复定位精度（可达 1 ~ 2 μm），并可提高轴的刚度；其工作寿命长、不易发生故障，但抗冲击性能较差。滚动螺旋主要用于金属切削精密机床、数控机床、测试机械、仪表的传导螺旋和调整螺旋，起重、升降机构和汽车、拖拉机转向机构的传力螺旋，飞机、导弹、船舶、铁路等自控系统的传导和传力螺旋等。

静压螺旋是为了降低螺旋传动的摩擦，提高传动效率，并增强螺旋传动的刚性的抗振性能，将静压原理应用于螺旋传动中，制成静压螺旋。因为静压螺旋是液体摩擦，摩擦阻力小，传动效率高（可达 99%），但螺母结构复杂；其具有传动的可逆性，必要时应设置防止逆转的机构；工作稳定，无爬行现象；反向时无空行程，定位精度高，并有较高的轴向刚度；具有磨损小及寿命长等特点。使用时需要一套压力稳定、温度恒定、有精滤装置的供油系统。主要用于精密机床进给，分度机构的传导螺旋。

（2）带传动。带传动是带被张紧（预紧力）而压在两个带轮上，主动带轮通过摩擦带动带以后，再通过摩擦带动从动带轮转动。它具有传动中心距大、结构简单、超载打滑（减速）等特点。带传动有平带传动、V 型带传动、多楔带传动及同步带传动等。

平带传动结构最简单，带轮容易制造，在传动中心距较大的情况下应用较多。

V 型带为一整圈，无接缝，故质量均匀，在同样张紧力下，V 型带较平带传动能产生更大的摩擦力，再加上传动比较大、结构紧凑，并标准化生产，因而应用广泛。

多楔带传动兼有平带和 V 型带传动的优点，柔性好、摩擦力大、能传递的功率大，并能解决多根 V 型带长短不一使各带受力不均匀的问题。主要用于传递功率较大而结构要求紧凑的场合，传动比可达 10，带速可达 40 m/s。

同步带是沿纵向制有很多齿，带轮轮面也制有相应的齿，它是靠齿的啮合进行传动，具有可使带与轮的速度一致等特点。

（3）链传动。链传动是由主动链轮带动链以后，又通过链带动从动链轮，属于带有中间挠性件的啮合传动。与属于摩擦传动的带传动相比，链传动无弹性滑动和打滑现象，能保持准确的平均传动比，传动效率高。链传动按用途不同可分为传动链传动、输送链传动和起重链传动。输送链和起重链主要用在运输和起重机械中，而在一般机械传动中，常用传动链。

传动链有短节距精密滚子链（简称滚子链）、齿形链等。

在滚子链中为使传动平稳、结构紧凑，宜选用小节距单排链；当速度高、功率大时，则选用小节距多排链。

齿形链又称无声链，它是由一级带有两个齿的链板左右交错并列铰链而成。齿形链设有导板，以防止链条在工作时发生侧向窜动。与滚子链相比，齿形链传动平稳、无噪声、承受冲击性能好、工作可靠。

链轮是链传动的主要零件，链轮齿形已标准化（GB 1244、GB 10855），链轮设计主要是确定其结构尺寸、选择材料及热处理方法等。

（4）齿轮传动。齿轮传动是机械传动中最重要的传动之一，形式多、应用广泛。其主要特点是：效率高、结构紧凑、工作可靠、传动比稳定等。可做成开式、半开式及封闭式传动。失效形式主要有轮齿折断、齿面点锈、齿面磨损、齿面胶合及塑性变形等。

常用的渐开线齿轮传动有直齿圆柱齿轮传动、斜齿圆柱齿轮传动、标准锥齿齿轮传动、圆弧齿圆柱齿轮传动等。齿轮传动啮合方式有内啮合、外啮合、齿轮与齿条啮合等。参观时一定要了解各种齿轮特征、主要参数的名称及几种失效形式的主要特征，使实验在真正意义上与理论教学产生互补作用。

（5）蜗杆传动。蜗杆传动是在空间交错的两轴间传递运动和动力的一种传动机构，两轴线交错的夹角可为任意角，常用的为 90°。

蜗杆传动有下述特点：当使用单头蜗杆（相当于单线螺纹）时，蜗杆旋转一周，蜗轮只转过一个齿距，因此能实现大传动比。在动力传动中，一般传动比 $i = 5 \sim 80$；在分度机构或手动机构的传动中，传动比可达 300；若只传递运动，传动比可达 1 000。由于传动比大，零件数目又少，因而结构很紧凑。在传动中，蜗杆齿是连续不断的螺旋齿，与蜗轮啮合是逐渐进入与逐渐退出的，故冲击载荷小、传动平衡、噪声低；但当蜗杆的螺旋线升角小于啮合面的当量摩擦角时，蜗杆传动便自锁；蜗杆传动与螺旋传动相似，在啮合处有相对滑动，当速度很大、工作条件不够良好时会产生严重的摩擦与磨损，引起发热，摩擦损失较大、效率低。

根据蜗杆形状不同可分为圆柱蜗杆传动、环面蜗杆传动和锥面蜗杆传动。通过实验学生应了解蜗杆传动结构及蜗杆减速器的种类和形式。

5. 轴系零、部件

（1）轴承。轴承是现代机器中广泛应用的部件之一。轴承根据摩擦性质不同分为滚动轴承和滑动轴承两大类。滚动轴承由于摩擦系数小，起动阻力小，而且它已标准化（标准代号有：GB/T 281、GB/T 276、GB/T 288、GB/T 292、GB/T 285、GB/T 5801、GB/T 297、GB/T 301、

GB/T 4663、GB/T 5859 等），选用、润滑、维护都很方便，因此在一般机器中应用较广。滑动轴承按其承受载荷方向的不同可分为径向滑动轴承和止推轴承；按润滑表面状态不同又可分为液体润滑轴承、不完全液体润滑轴承及无润滑轴承（指工作时不加润滑剂）；根据液体润滑承载机理不同又可分为液体动力润滑轴承（简称液体动压轴承）和液体静压润滑轴承（简称液体静压轴承）。

轴承理论课程将详细讲授轴承的机理、结构、材料等，并且还有实验与之相配合，这次实验同学们主要了解各类轴承的结构及特征，开阔自己的眼界。

（2）轴。轴是组成机器的主要零件之一。一切做回转运动的传动零件（如齿轮、蜗轮等），都必须安装在轴上才能进行运动及动力的传递。轴的主要功用是支承回转零件及传递运动和动力。

轴按承受载荷的不同可分为转轴、心轴和传动轴 3 类；按轴线形状不同可分为曲轴和直轴两大类，直轴又可分为光轴和阶梯轴。光轴形状简单，加工容易，应力集中源少，但轴上的零件不易装配及定位；阶梯轴正好与光轴相反。所以光轴主要用于心轴和传动轴，阶梯轴则常用于转轴。此外，还有一种钢丝软轴（挠性轴），它可以把回转运动灵活地传到不开敞的空间位置。

轴的失效形式主要是疲劳断裂和磨损。防止失效的措施是：从结构设计上力求降低应力集中（如减小直径差、加大过渡圆半径等，可详看实物），再就是提高轴的表面品质，包括降低轴的表面粗糙度，对轴进行热处理或表面强化处理等。

轴上零件的固定，主要是轴向和周向固定。轴向固定可采用轴肩、轴环、套筒、挡圈、圆锥面、圆螺母、轴端挡圈、轴端挡板、弹簧挡圈、紧定螺钉等方式；周向固定可采用平键、楔键、切向键、花键、圆柱销、圆锥销及过盈配合等联接方式。

轴看似简单，但轴的知识、内容都比较丰富，完全掌握是很不容易的。只有通过理论学习及实践知识的积累（多看、多观察）逐步掌握。

6. 弹　簧

弹簧是一种弹性元件，它可以在载荷作用下产生较大的弹性变形，在各类机械中应用十分广泛。弹簧主要应用于：

（1）控制机构的运动，如制动器、离合器中的控制弹簧，内燃机气缸的阀门弹簧等。

（2）减振和缓冲，如汽车、火车车厢下的减振簧及各种缓冲器用的弹簧等。

（3）储存及输出能量，如钟表弹簧，枪内弹簧等。

（4）测量力的大小，如测力器和弹簧秤中的弹簧等。

弹簧的种类比较多，按承受的载荷不同可分为拉伸弹簧、压缩弹簧、扭转弹簧和弯曲弹簧 4 种；按形状不同又可分为螺旋弹簧、环形弹簧、碟形弹簧、板簧和平面涡卷弹簧等。观看时同学们要看清各种弹簧的结构、材料，并能与名称对应起来。

7. 润滑剂及密封

（1）润滑剂。在摩擦面间加入润滑剂不仅可以降低摩擦、减轻磨损、保护零件不受锈蚀，而且在采用循环润滑时还能起到散热、降温的作用。由于液体的不可压缩性，润滑油膜还具有缓冲、吸振的能力。使用膏状润滑脂，既可防止内部的润滑剂外泄，又可阻止外部杂质侵入，避免加剧零件的磨损，起到密封的作用。

润滑剂可分为气体、液体、半固体和固体 4 种基本类型。在液体润滑剂中应用最广泛的是润滑油，包括矿物油、动植物油、合成油和各种乳剂。半固体润滑剂主要是指各种润滑脂，它是润滑油和稠化剂的稳定混合物。固体润滑剂是任何可以形成固体膜以减少摩擦阻力的物质，如石墨、三硫化钼、聚四氟乙烯等。任何气体都可作为气体润滑剂，其中用得最多的是空气，主要用在气体轴承中。液体、半固体润滑剂，在生产中其成分及各种分类（品种）都是严格按照国家有关标准进行生产的。同学们不但要了解展柜展出的油剂、脂剂等各种实物及润滑方法与润滑装置，还应了解其相关国家标准，如润滑油的黏度等级标准（GB 3141）；石油产品及润滑剂的总分类标准（GB 498）；润滑剂标准（GB 7631.1~7631.8）等。国家标准中油剂共有 20 大组类、70 余个品种，脂剂有 14 个种类等。

（2）密封。机器在运转过程中及气动、液压传动中需润滑剂、气、油润滑、冷却、传力保压等，在零件的接合面、轴的伸出端等处容易产生油、脂、水、气等渗漏。为了防止这些渗漏，在这些地方常要采用一些密封措施。但密封方法和类型很多，如填料密封、机械密封、O 形圈密封、迷宫式密封、离心密封、螺旋密封等。这些密封广泛应用在泵、水轮机、阀、压气机、轴承、活塞等部件的密封中。同学们在参观时应认清各类密封件及其应用场合。

五、实验方法和步骤

（1）认真阅读和掌握教材中相关部分的理论知识；
（2）现场观察各种零部件的结构和特点，听实验教师讲解；
（3）认真完成实验报告。

六、实验报告内容及要求

根据现场观察结果，至少分析 6 种常见机械零部件，包括结构特点、材料、主要失效形式、主要应用。

实验六 液体动压滑动轴承的油膜压力及摩擦特性测定

一、实验目的

（1）观察径向滑动轴承动压油膜的形成过程和现象。
（2）测定和绘制滑动轴承径向和轴向油膜压力曲线，求出轴承的承载能力。
（3）观察载荷和转速改变时油膜压力的变化情况。
（4）了解滑动轴承的摩擦系数 f 的测量方法和摩擦特性曲线的绘制方法。
（5）了解液体动压轴承试验台的结构原理及测试方法。

二、液体动压滑动轴承的工作原理

液体动压滑动轴承是利用轴颈与轴承的相对运动，将润滑油带入楔形间隙形成动压油膜，并靠油膜的动压平衡外载荷。由于轴颈与轴承之间的配合有一定的间隙，静止时，在载荷作用下，轴颈在轴承孔中处于最下方的位置，形成楔形，如图 6.1（a）所示。当轴开始转动时，如图 6.1（b）所示，在摩擦力的作用下轴颈沿轴承内壁上爬，不时发生表面接触的摩擦。同时，由于油的黏性将油带入楔形间隙，随着轴转速的提高，被轴颈"泵"入间隙的油量随之增多，油膜中的压力逐渐形成。当轴达到足够高的转速时，润滑油在楔形间隙内形成液体动压效应。当油膜压力能平衡外载荷时，轴颈与轴承被油膜完全隔开，如图 6.1（c）所示。这时轴颈的中心处于偏心位置，轴颈与轴承之间处于完全液体摩擦润滑状态。因此，这种轴承摩擦小、寿命长，具有一定的吸振能力。

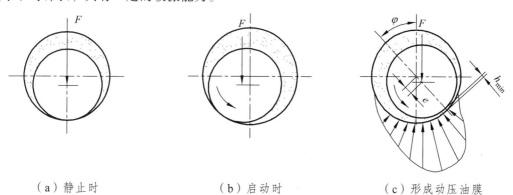

（a）静止时　　　　　　　（b）启动时　　　　　　　（c）形成动压油膜

图 6.1　液体动压润滑油膜形成过程及油膜压力的分布

滑动轴承的摩擦系数 f 是重要的设计参数之一，它的大小随轴承的特性系数 $\lambda = \dfrac{\eta n}{p}$ 的改变而改变。其中，η 为油的动力黏度，$Pa \cdot s$；n 为轴的转速，r/min；p 为轴承的压强（$p = \dfrac{F}{Bd}$），MPa；F 为轴上的载荷；B 为轴瓦的宽度；d 为轴的直径。轴承 f-λ 特性如图 6.2 所示。

在边界摩擦时，f 随 λ 的增大而变化很小，进入混合摩擦后，λ 的改变引起 f 的急剧变化，在刚形成液体摩擦时 f 达到最小值，此后，随着 λ 的增大油膜厚度也随之增大，因而 f 也有所增大。

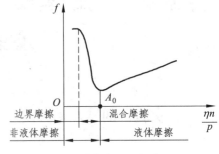

图 6.2　轴承 f-λ 特性曲线

三、实验设备

HZS-1 型液体动压轴承实验台。

四、实验台的结构、工作原理及实验步骤

（一）实验台的结构及工作原理

1. 实验台外貌

实验台外貌如图 6.3 所示。图中 1 为实验轴承箱，7 为变速箱，两者通过联轴器联接并固定在底座 9 上。6 为液压箱，装于底座 9 内部。2 为轴承供油压力表，由减压阀 3 控制其压力。5 为加载油腔压力表，由溢流阀 4 控制油腔压力。12 为调速电机，8 为调速电机控制器，10 为油泵电机开关，11 为主电机开关，总开关位于实验台左侧的下方。

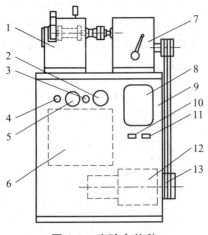

图 6.3　实验台外貌

1—轴承箱；2—轴承供油压力表；3—减压阀；4—溢流阀；5—加载油腔压力表；6—液压箱；7—变速箱；
8—调速电机控制器；9—底座；10—油泵电机开关；11—主电机开关；12—调速电机；13—带轮

2. 实验轴承箱

图 6.4 为实验轴承箱结构图，图中 3 为主轴，有 2 个滚动轴承支撑。4 为实验轴承，空套在主轴上，轴承内径 $d = 60$ mm，有效长度 $B = 60$ mm；在中间剖面（即有效长度的 1/2 处），沿周向开有 7 个在 120° 内均为分布的测压孔。距中间剖面 $B/4$ 处，即距周向测压孔 15 mm 处，在铅垂方向开有一个测压孔。图中 1 为 7 个周向测压表中位于垂直方向的 1 个，它兼作测量压力用，2 为另一个轴向测压表。9 为加载盖板，固定在箱体上，加载油腔 8 在水平面上的投影面积为 60 cm^2。轴承外圆上装有测力杆 6，吊环 7 装在测杆上供测量摩擦力矩用，吊环 7 与轴承中心的距离为 150 mm，轴承外圆上还装有两个平衡锤 5，用来在轴承安装前作静平衡用。

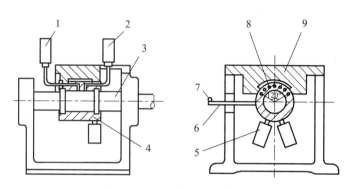

图 6.4 实验轴承箱结构简图

1—周向测压表（7 个）；2—轴向测压表；3—主轴；4—实验轴承；5—平衡锤；
6—测力杆；7—吊环；8—加载油腔；9—加载盖板

箱体左侧装有一重锤式拉力计，其工作原理如图 6.5 所示，重锤 7 固定在圆盘 2 上，圆盘与大齿轮 6 固定在同一轴上，小齿轮 4 与指针 5 同轴，3 为表盘。工作时吊钩 1 受力后，带动圆盘 2 及大齿轮 6 旋转，使小齿轮 4 及指针 5 转动，转动角度即表示拉力大小（由指针在表盘上指示读数）。重锤 7 与大齿轮 6 同轴转动，从而改变力矩，与外加拉力矩相平衡。

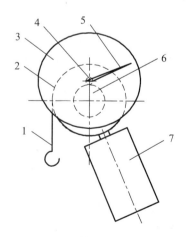

图 6.5 拉力计原理图

1—吊钩；2—圆盘；3—表盘；4—小齿轮；5—指针；6—大齿轮；7—重锤

3. 变速箱

实验台采用 JZT 型调速电机,其速度为 120 ~ 1 200 r/min 无级变速,由控制箱上的调速旋钮控制其转速。变速箱用 V 带与调速电机相连,V 带传动比为 2.5。变速箱内有两对齿轮,由摩擦离合器控制。当变速手柄位于右方时,速比为 24/60 的一对齿轮工作,此时主轴转速与电机转速相同;当手柄位于左方时,速比为 60/25 的一对齿轮工作,主轴转速为电机转速的 1/6。由此,主轴的转速为 120 ~ 1 200 r/min。

4. 液压系统

油箱中的 10 号机油经油泵分为两路,一路进入加载油腔,通过改变压力可对轴承施加不同的载荷,其压力由溢流阀控制;另一路经减压阀,供给实验轴承作润滑用。两路油的压力可在相应的压力表上读出。

(二)实验步骤

1. 油膜压力分布的测定

(1)先用卡板卡住测力杆,以免测力计损坏。

(2)启动油泵电机,使油泵工作。

(3)调节减压阀手柄,使实验轴承润滑油压力在 0.1 MPa(1 kgf/cm^2)以下(本实验台压力表的单位为 kgf/cm^2。以下在文字及公式中不再注明,请自行换算)。

(4)将变速手柄置于低速挡上(实验台上有指示标牌)。调节电机控制器旋钮,使转速在最低速位置。启动主电机,然后调节控制器旋钮,使指针读数在 100 ~ 200 r/min,再将变速手柄置于高速挡上,逐步调高转速,使主轴转速达到约 1 000 r/min。

(5)调节溢流阀使加载供油压力达到 $p_0 = 0.4$ MPa,此时载荷为

$$F = p_0(\text{MPa}) \times 6\,000(\text{mm}^2) + 80(\text{N}) \tag{6-1}$$

式中,80 N 为轴承自重。

(6)观察 8 个压力表的读数,待各压力表指针稳定后,自左向右依次记下各压力表的读数。第 1 个到第 7 个压力表的读数用于作油膜周向压力分布图;第 4 个和第 7 个压力表的读数用于作油膜轴向压力分布图。

① 绘制油膜周向压力分布图,并求出平均单位压力 p_m 值。

在坐标纸上按照图 6.6 作一直径等于轴承内径 d 的圆,在圆周上定出 7 个测压孔的位置 1、2⋯7。通过这些点沿半径方向延长并按一不定的比例截取长度以代表所测的压力值。将各压力向量末端 1′、2′⋯7′ 连成一光滑曲线,即得轴承中间剖面上油膜压力周向分布图。曲线起末两点 0、8 由曲线光滑连接定出。

由油膜压力分布图可求得轴承中间剖面上的平均单位压力 p_m,将圆周上的 0、1、2⋯7、8 各点投影到一条水平线上(见图 6.6 下方),在相应点的垂线上标出对应点的压力值,将其端点 0′、1′、2′⋯7′、8′ 连成一光滑曲线,用数方格的方法近似求出此曲线所围的面积,然后取 p_m 值,按原比例尺换算后即为轴承中间剖面上的平均单位压力。

② 绘制油膜轴向压力分布图。

如图 6.7 所示，在坐标纸上作一水平线，取长度 $B = 60$ mm（轴承的有效长度），在中点的垂线上按前述比例标出该点的压力 p_4（端点为 4′），在距两端 $B/4 = 15$ mm 处，沿垂线方向标出压力 p_8，轴承两端的压力为零。将 0、8′、4′、8′、0 五点连成一光滑曲线，即轴承油膜压力轴向分布图。

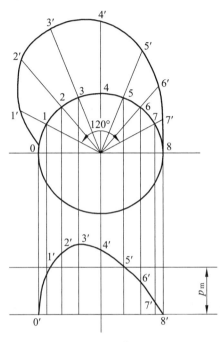

图 6.6　周向油膜压力分布图

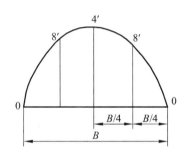

图 6.7　油膜轴向压力分布图

③ 求实测 K 值。

轴承在长度方向的端泄对油膜压力的影响系数为

$$K = \frac{F}{p_m B d} \tag{6-2}$$

式中　F——载荷，N；

　　　p_m——轴承中间剖面上平均单位压力，MPa；

　　　B——轴承有效长度，mm；

　　　d——轴承直径，mm。

一般认为油膜压力沿轴向近似为抛物线分布规律，其理论 K 值应接近 0.7，将所求 K 值与理论值进行分析比较。

2.轴承摩擦特性曲线的测定

（1）将加载压力调至 $P_0 = 0.4$ MPa，此时载荷 $F = 2\ 480$ N。

（2）将转速调至 800～1 000 r/min。

（3）移开测力杆卡板，使测力杆可自由转动。将壳体上的固定螺钉松开，把拉力计吊钩接于测力杆端部的吊钩上。

（4）依次将主轴转速调至 800 r/min、600 r/min、400 r/min、300 r/min、200 r/min、100 r/min、50 r/min、20 r/min（临界值附近的转速可根据具体情况选择）。在每种转速下，均在拉力计上读出相应的读数，并记录其数值。

（5）测量加载油腔的回油温度作为进油温度（$t_{进}$）的数值，列表计算各转速时的轴承特性值 λ 及摩擦系数 f，在坐标纸上作出轴承特性曲线。

摩擦系数 f 计算公式如下：

$$f = \frac{LG}{\frac{d}{2}F} = \frac{150G}{\frac{60}{2}F} = \frac{5G}{F} \tag{6-3}$$

式中　G——拉力计读数的换算值，N，$G = 0.009\ 8G_0$，G_0 为拉力计的读数；

　　　L——测力杆的力臂（150 mm）；

　　　d——轴承内径（60 mm）；

　　　F——载荷，N。

特性值的计算公式：

$$\lambda = \frac{\eta n}{p}$$

式中　η——润滑油绝对黏度，Pa·s，其值可根据实测进油温度 $t_{进}$，由图 6.8 查出轴承的近似平均温度 t_m，再根据 t_m 由图 6.9 查得 η 值；

　　　n——转速，r/min；

　　　p——轴承比压，MPa。

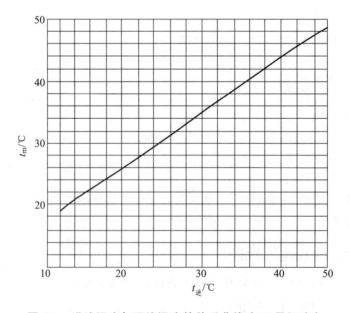

图 6.8　进油温度与平均温度的关系曲线（10 号机油）

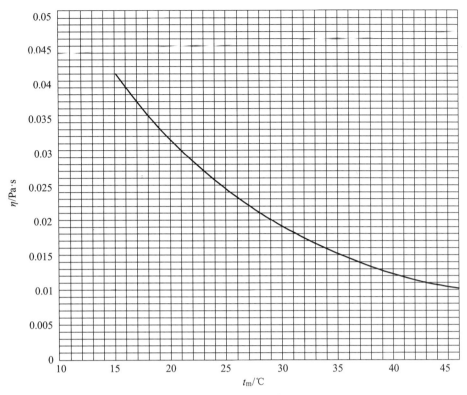

图 6.9　10 号机油的油温和黏度曲线

（6）改变载荷，将加载油腔的供油压力调到 0.2 MPa，重复步骤（2）～（5），将所测得的 f-λ 曲线与第一次实验的曲线相比较（两次做出的实验曲线应基本重合）以证明摩擦系数仅与 λ 有关。

（三）注意事项

（1）启动实验台时必须先开油泵，然后低速启动主轴，再逐渐加大转速。不可将变速手柄放在高速挡启动，以免启动力矩过大。

（2）拉力计吊钩不可一直钩在测力杆的吊钩上，只有测摩擦力矩时才相连，以免损坏拉力计，影响精度。

（3）在混合摩擦区的工作时间应尽量短，以避免轴承磨损。

（4）轴承供油压力不得超过 0.1 MPa。

五、实验报告内容

（1）实验目的。

（2）轴承简图及主要参数。

① 主要参数。

a. 型号。

轴颈直径 $d =$ _____mm；

轴承宽度 $B =$ _____mm；

测力杆力臂长度 $L =$ _____mm。

b. 轴瓦材料。

c. 轴颈材料。

d. 润滑油牌号。

e. 润滑油黏度 $\eta =$ _____Pa·s。

f. 初始载荷（或轴瓦、压力计与自重）$G_0 =$ _____N。

② 绘制轴承简图。

实验七 螺栓联接静动态特性分析实验

一、实验目的

（1）了解螺栓联接在拧紧过程中各部分的受力情况。

（2）计算螺栓相对刚度，并绘制螺栓联接的受力变形图。

（3）验证受轴向工作载荷时，预紧螺栓联接的变形规律及对螺栓总拉力的影响。

（4）通过螺栓的动载实验，改变螺栓联接的相对刚度，观察螺栓动应力幅值的变化，以验证提高螺栓联接强度的各项措施。

二、实验项目

LYS-A 螺栓联接综合实验台可进行下列实验项目：

（1）基本螺栓联接的静动态实验。

（2）增加螺栓刚度的静动态实验。

（3）增加被联接件刚度的静动态实验。

（4）改用弹性垫片的静动态实验。

三、实验设备及原理

1. 实验概述

承受预紧力和工作拉力的紧螺栓联接是常用的且较重要的一种联接形式。这种联接中零件的受力属于静不定问题。由理论分析可知，螺栓的总拉力除与预紧力 F_p、工作拉力 F 有关外，还受到螺栓刚度 C_b 和被联接件刚度 C_m 等因素的影响。图 7.1 为单个螺栓联接及其受力变形图。

图 7.1（a）为螺栓刚好拧到与被联接件相接触，但尚未拧紧的状态。图 7.1（b）为螺母已拧紧，但螺栓未受工作载荷的状态。此时，螺栓受预紧力 F_p 的拉伸作用，其伸长量为 λ_1，而被联接件则在 F_p 的压缩作用下产生的压缩量为 λ_2。图 7.1（c）为承受工作载荷 F 时的情况，此时螺栓所受拉力由 F_p 增至 F_0，继续伸长量为 $\Delta\lambda$，总伸长量为 $\lambda_1+\Delta\lambda$。被联接件则因螺栓伸长而被放松，根据联接的变形协调条件，其压缩变形的减小量应等于螺栓拉伸变形的增加量 $\Delta\lambda$。因此，总压缩量为 $\lambda_2-\Delta\lambda$；而被联接件的压缩力由 F_p 减至 F_p'，F_p' 称为残余预紧力。由于螺栓和被联接件的变形发生在弹性范围内，上述受力与变形关系线图如图 7.2 所示。

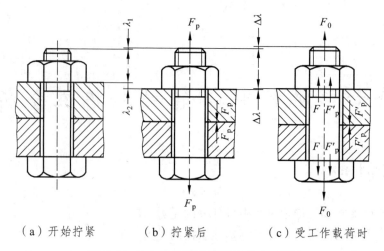

（a）开始拧紧　　　（b）拧紧后　　　（c）受工作载荷时

图 7.1　单个螺栓联接及其受力变形图

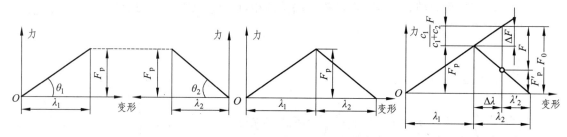

图 7.2　受力与变形关系线图

由图 7.2 可知，螺栓总拉力 F_0 并不等于预紧力 F_p 与工作拉力 F 之和，而等于残余预紧力 F'_p 与工作拉力之和，即 $F_0 = F'_p + F$ 或 $F_0 = F_p + \Delta F$。

根据刚度定义，$c_1 = F_p / \lambda_1$，$c_2 = F_p / \lambda_2$。由图 7.2 中几何关系可得

$$\Delta F = c_1 F / (c_1 + c_2)$$

因此，螺栓总拉力为

$$F = F_p + c_1 F / (c_1 + c_2)$$

式中，$c_1 / (c_1 + c_2)$ 为螺栓的相对刚度系数。

此时，螺栓预紧力为

$$F_p = F'_p + c_2 F / (c_1 + c_2)$$

为了保证联接的紧密性，根据联接的工作性质可取残余预紧力 $F'_p = (0.2 \sim 1.8)F$。

对于承受轴向变载荷的紧螺栓联接，在最小应力不变的条件下，应力幅越小，则螺栓越不容易发生疲劳破坏，联接的可靠性越高。当螺栓所受的工作拉力在 $0 \sim F$ 变化时，则螺栓总拉力将在 $F_p \sim F_0$ 变动。由 $F = F_p + c_1 F / (c_1 + c_2)$ 可知，在保持预紧力 F_p 不变的条件下，若减小螺栓刚度 c_1 或增大联接件刚度 c_2 都可以达到减小总拉力 F_0 的变化范围（即减小应力副 σ_a 的目的）。因此，在实际承受动载荷的紧螺栓联接中，宜采用柔性螺栓（减小 c_1）和在被联接件之间使用硬垫片（增大 c_2）。图 7.3 为被联接件间使用不同垫片时对螺栓总拉力 F_0 的变化影响。

38

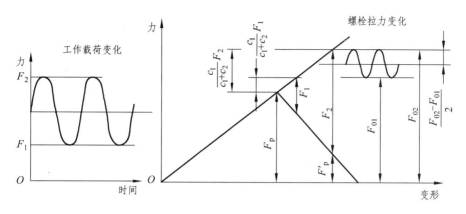

图 7.3　被联接件间使用不同垫片时对螺栓总拉力 F_0 的变化影响

2. 实验设备及仪器

LYS-A 螺栓联接综合实验台及其测量仪一台，计算机及专用软件等实验设备及仪器。

（1）螺栓联接实验台的结构与工作原理如图 7.4 所示。

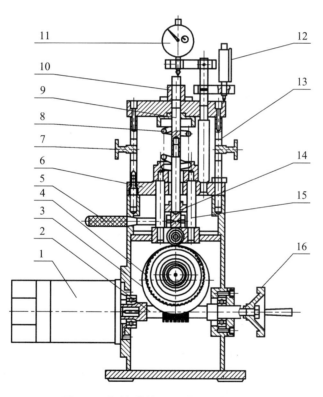

图 7.4　螺栓联接实验装置结构简图

1—电机；2—螺杆；3—偏心轮；4—蜗轮；5—空心螺栓内螺栓拧紧手柄；6—中间板；7—锥销；8—施力弹簧；
9—空心螺栓；10—空心大螺母；11—千分表 1（测空心螺栓）；12—千分表 2；13—八角环；
14—空心螺栓内螺杆（止动螺栓）；15—挺杆；16—手轮

①　联接部分由 M16 空心螺栓、大螺母、垫片组组成。空心螺栓贴有测拉力和扭矩的两组应变片，分别测量螺栓在拧紧时，所受预紧拉力和扭矩。空心螺栓的内孔中装有 M8 螺栓，

39

拧紧或松开其上的手柄杆，即可改变空心螺栓的实际受载截面面积，以达到改变联接件刚度的目的。垫片组由刚性和弹性两种垫片组成。

② 被联接件部分由上板、下板和八角环组成。八角环上贴有应变片，测量被联接件受力的大小；中部有锥形孔，插入或拔出锥塞即可改变八角环的受力，以改变被联接件系统的刚度。

③ 加载部分由蜗杆、蜗轮、挺杆和弹簧组成。挺杆上贴有应变片，用以测量所加工作载荷的大小。蜗杆一端与电机相连，另一端装有手轮，转动手轮使挺杆上升或下降，以达到加载、卸载（改变工作载荷）的目的。

（2）LYS-A 型静动态测量仪的工作原理及各测点应变片的组桥方式。

本仪器由精密恒流源、多路切换开关、前置放大器、低通滤波器、A/D 转换器、单片机、显示电路、电源等部分组成。整机方框图如图 7.5 所示。本仪器桥路激励采用恒流源模式，电子开关切换测点，电路新颖、工作合理。

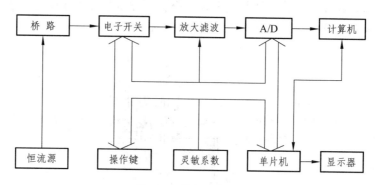

图 7.5　整机方框图

本仪器桥路平衡采用 DA 反馈自动调零和初值扣除两种方法，测量前先通过 DA 调整放大器的偏移电压使放大器的输出接近零值，然后再将每个测点桥路不平衡值即初始值显示存储，在随后测量中将该点初值扣除，实现了自动平衡的功能。

四、实验方法与步骤

1. 实验台及仪器预调与联接

（1）实验台：取出八角环上两锥塞，松开空心螺栓上的 M8 螺栓，装上刚性垫片，转动手轮，使挺杆降下，处于卸载位置。将两块千分表分别安装在表架上，使表头分别与上板面（靠外侧）和螺栓顶面接触，用以测量联接件（螺栓）与被联接件的变形量。手拧大螺母至恰好与垫片接触（预紧初始值）。螺栓不应有松动的感觉，分别将两千分表调零。

（2）测量仪：用配套的 4 根输出线的插头将各点插座连接好。

（3）计算机：用配套的串口数据线接仪器背面的通信插座，另一头连接计算机上的 RS232 串口。启动数据采集箱，进入实验台螺栓实验界面后，按"数据调零"键，对"应变测量值"数据清零。

2. 实验方法与步骤

（1）螺栓联接的静态实验。

① 用扭力扳手预紧被试螺栓，当扳手力矩为 30~40 N 时，取下扳手，完成螺栓预紧。

② 进入静态螺栓联接实验界面，将表 7.1 中给定的标定参数由键盘输入到相应的"参数给定框"中。将千分表测量的螺栓拉变形和八角环压变形值输入到相应的"千分表值输入框"中。通过测量仪上的液晶显示屏读取，将对应点值填入预紧表中。

表 7.1 标定参数

序 号	参 数	标 定 系 数
1	螺栓拉力	$\mu_{拉} = 0.026\ 65\ \mu\varepsilon / N$
2	螺纹副摩擦力矩（T_1）	$\mu_{矩} = \quad \mu\varepsilon / N$
3	八角环压力	$\mu_{环} = 0.095\ 5\ \mu\varepsilon / N$
4	挺杆压力	$\mu_{压} = \quad \mu\varepsilon / N$

③ 单击"设置预紧力"键，对预紧的数据进行采集和处理。

④ 用手将实验台上手轮逆时针（面对手轮）旋转，使挺杆上升至一定高度，对螺栓轴向加载 3 次，将读数填入实验报告加载测试表中。每加载一次点击一次采点。

⑤ 加载完 3 次，点击软件界面上的连线，使各点连成曲线。

⑥ 单击软件界面上的"画理论图"，可以在软件下面显示出理论曲线。学生可将理论曲线和实测曲线进行对比。

⑦ 单击"打印"键，打印实测曲线图形和理论曲线图形。

⑧ 完成上述操作后，静态螺栓联接实验结束，单击"返回"键，可返回主界面。

（2）螺栓联接的动态实验。

① 螺栓联接的静态实验结束返回主界面后，单击"动态测试"进入动态螺栓联接实验界面。

② 取下实验台右侧手轮，开启实验台电动机开关，单击"采集"键，使电动机运转 30 s 左右，进行动态加载工况的采集和处理。

③ 单击通道选择，选取需要进行动态测试的测试点，本实验一般选取螺栓拉应变和八角环应变。

④ 单击"保存数据"键，保存实时数据。

⑤ 完成上述操作后，动态螺栓联接实验结束。

五、实验内容

LYS-A 螺栓联接综合实验台可进行下列实验项目，每个实验项目都需对实验台进行调整。

（1）螺栓联接的静动态实验。

实验台要求：取出八角环上两锥塞，松开空心螺杆上的 M8 螺栓，装上刚性垫片。

（2）增加螺栓刚度的静动态实验。

实验台要求：取出八角环上两锥塞，拧紧空心螺杆上的 M8 螺栓，调至实心位置。

（3）增加被联接件刚度的静动态实验。

实验台要求：插上八角环上两锥塞，松开空心螺杆上的 M8 螺栓。

（4）改用弹性垫片的静动态实验。

实验台要求：取出八角环上两锥塞，松开空心螺杆上的 M8 螺栓，装上弹性垫片。

六、注意事项

进行动态实验，开启电机电源开关时必须注意把手轮卸下来，避免电机转动时发生安全事故，并可减少实验台的振动和噪声。

七、实验报告内容

（1）实验设备与实验条件 ［试验机型号（或编号）、实验条件 ］。

（2）实验数据记录（填入表 7.2 中）与处理。

表 7.2　被测零件受力与变形关系表

工作载荷 F	被测零件	千分表		测量仪	
		读数/mm	变形量 δ/mm	应变/$\mu\varepsilon$	应力 σ/(N/mm^2)
初始状态	螺栓（拉）				
	螺栓（扭）				
	八角环				
预　紧	螺栓（拉）				
	螺栓（扭）				
	八角环				
第一次加载 F_1	螺栓（拉）				
	螺栓（扭）				
	八角环				

续表 7.2

工作载荷 F	被测零件	千分表		测量仪	
		读数/mm	变形量 δ/mm	应变/$\mu\varepsilon$	应力 σ/(N/mm²)
第二次加载 F_2	螺栓（拉）				
	螺栓（扭）				
	八角环				
第三次加载 F_3	螺栓（拉）				
	螺栓（扭）				
	八角环				

注：$\delta = \varepsilon L$，$\sigma = \delta E$，$F = \sigma A = \varepsilon LEA = \varepsilon / \mu$

δ —— 变形，mm；

ε —— 应变；

L —— 螺栓长度，mm；

E —— 材料弹性模量；

σ —— 应力，N/mm²；

A —— 有效作用面积，mm²；

μ —— 标定系数，$\mu\varepsilon$/N。

（3）绘制实际螺栓联接的受力与变形的关系图；绘制理论螺栓联接的受力与变形的关系图。

（4）对比分析理论与实际的变形图，得出结论。

实验八 齿轮传动效率测定与分析

一、实验目的

（1）了解齿轮传动实验台结构及其工作原理。

（2）通过本实验加深理解齿轮传动效率与转速和载荷的关系。

（3）通过齿轮传动装置的实验，进一步了解齿轮传动性能。

（4）掌握转矩、转速、功率、效率的测量方法。

二、实验台结构及其工作原理

齿轮传动效率测试实验台结构如图 8.1 所示。

图 8.1　齿轮传动效率测试实验台

1—磁粉器座；2—磁粉器；3—联轴器；4—齿轮箱；5—电机座；6—电机；7—电机转速探测器；
8—电机扭矩传感器；9—电器控制操作盒；10—箱体面板；11—输出扭矩传感器

实验台的动力来自直流调速电机，电机的转轴由一对轴承座支承托起，因而电机可以绕转轴转动，应用输入扭矩传感器控制电机旋转并测出其转矩，电机轴通过联轴器与齿轮减速器联接，齿轮减速器通过联轴器与磁粉器联接。磁粉器是利用磁粉器座支承可以绕其中心轴旋转，应用输出扭矩传感器控制其旋转并测出其扭矩；电机机壳上装有测矩杠杆，通过输入测矩传感器，可测出电机工作时的输出转矩（即齿轮减速器的输入转矩）。

被测齿轮减速器箱体固定在实验台平板，齿轮箱传动比 $i = 5$，其动力输出轴上装有磁粉制动器，改变制动器输入电流的大小即改变负载制动力矩的大小。实验台电器控制盒面板上装有电机转速调节旋钮和加载按钮以及转速和加载显示等，电机转速、输入及输出力矩等信号通过单片机数据采集系统输入上位机数据处理后即可显示并打印出实验结果和曲线。实验台原理框图如图 8.2 所示。

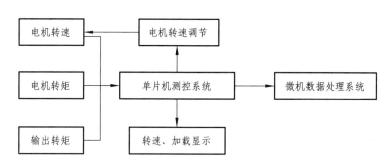

图 8.2　齿轮传动效率测试实验台原理框图

三、实验测试的内容与方法

（1）当齿轮传动系统工作在一定转速时，改变输出负载的大小，测定齿轮（蜗杆）传动系统输入功率 P_1 和相应的输出功率 P_2，从而得出其传动效率 $\eta = \dfrac{P_2}{P_1}$。功率是通过测定其转矩及转速获得的。

（2）当齿轮传动系统工作在一定负载时，改变输入轴的转速大小，测定齿轮（蜗杆）传动系统输入功率 P_1 和相应的输出功率 P_2，也可得到其传动效率 $\eta = \dfrac{P_2}{P_1}$。

（3）通过齿轮减速器传动效率测试实验，分析对齿轮（蜗杆）传动性能的影响因素。

四、实验操作步骤

1. 准备工作

（1）将实验台与微机的串口连接线连好。
（2）用手转动联轴器，要求转动灵活。
（3）控制面板上的电源开关放到"关"的位置，调速旋钮旋在最低点。

2. 进行实验

（1）启动微机，进入实验软件主界面，并根据实验台上的配置选择齿轮减速器。
（2）接通电源，打开电源开关，数码管灯亮。在选择旋钮上选择实验类型或者"齿轮"，否则参数不对，实验不准确。
（3）缓慢顺时针旋转调节电机调速旋钮，电机启动，使转速达 1 000 r/min 左右。

（4）待转速稳定后，可按动加载按钮加载（第 1 挡加载系统已默认）。

（5）点击软件主界面"数据采集"按钮，电机转速、电机转矩、负载力矩等实验数据发送到实验界面。

（6）点击软件主界面"数据分析"按钮，实验结果以及实验曲线即在相应窗口显示，点击"保存"。

（7）将载荷设定在某一定值，从小到大（反之亦可）调节输入转速，中间采集数据 8 次，点击软件主界面，分析实验结果以及相应的实验曲线（$\eta - T_2$、$\eta - n_1$）。

（8）点击软件主界面"打印"按钮，如连接打印机即可打印实验结果及实验曲线。

（9）根据实验软件界面提供的齿轮减速器参数以及实验条件，进行齿轮传动效率的理论值计算，与实测值进行比较，并进行误差分析。

五、实验数据记录与处理

1. 实验台参数

电机调速范围 = ＿＿＿＿＿＿r/min；

电机测力杠杆臂长 = ＿＿＿＿＿＿m；

齿轮减速器传动比 i = ＿＿＿＿＿＿；

磁粉制动器输出扭矩 T_2 = ＿＿＿＿＿＿N·m。

2. 实验数据处理

齿轮减速器传动效率：

$$\eta = \frac{P_2}{P_1}$$

$$P_1 = \frac{T_1 n_1}{9\,550}$$

$$P_2 = \frac{T_2 n_2}{9\,550}$$

$$T_1 = L_1 G_1$$

式中　P_1——齿轮输入功率（即电机输出功率），kW；

　　　T_1——齿轮输出转矩（即电机输出扭矩），N·m；

　　　L_1——电机测力杠杆臂长，m；

　　　G_1——电机测力传感器测得力值，N；

　　　n_1——齿轮输入转速（即电机的转速），r/min；

　　　P_2——齿轮传动输出功率，kW；

　　　T_2——齿轮传动输出转矩（即磁粉制动器输出扭矩），N·m；

　　　n_2——齿轮输出转速，$n_2 = \dfrac{n_1}{i}$，r/min。

说明：实验得的传动效率除啮合传动效率外，还包含了两对轴承的效率和搅油损失。

六、实验报告内容

（1）实验目的。
（2）实验原理。
（3）实验步骤。
（4）实验数据记录。
（5）实验的计算结果及曲线。

七、思考题

（1）闭式齿轮传动的效率测试与开式齿轮传动的效率有什么不同？
（2）叙述闭式齿轮传动的效率测试的原理。

实验九　轴系结构设计拼装与测绘

一、实验目的

熟悉和掌握轴的结构设计和轴承组合设计的基本要求及设计方法。

二、实验设备和工具

（1）模块化轴段（可组装成不同结构形状的阶梯轴）；

（2）轴上零件：齿轮、蜗杆、带轮、联轴器、轴承、轴承座、端盖、套杯、套筒、圆螺母、轴端挡板、止动垫圈、轴用弹性挡圈、孔用弹性挡圈、螺钉、螺母等；

（3）工具：活扳手、游标卡尺、胀钳。

三、实验准备

（1）从轴系结构设计实验方案表（见表9.1～9.3）中选择设计实验方案号；

（2）根据实验方案规定的设计条件确定需要哪些轴上零件；

（3）绘出轴系结构设计装配草图（参考教材有关章节），并注意以下几点：

① 设计应满足轴的结构设计、轴承组合设计的基本要求，如轴上零件的固定、装拆，轴承间隙的调整、密封，轴的结构工艺性等（暂不考虑润滑问题）；

② 标出每段轴的直径和长度，其余零件的尺寸可不标注。

各项准备工作应在进实验室前完成。

四、实验步骤

（1）利用模块化轴段组装阶梯轴，该轴应与装配草图中轴的结构尺寸一致或尽可能相近；

（2）根据轴系结构设计装配草图，选择相应的零件实物，按装配工艺要求顺序装到轴上，完成轴系结构设计；

（3）检查轴系结构设计是否合理，并对不合理的结构进行修改。合理的轴系结构应满足下述要求：

① 轴上零件装拆方便，轴的加工工艺性良好；

② 轴上零件固定（轴向、周向）可靠；

③ 轴承固定方式应符合给定的设计条件，轴承间隙调整方便；

④ 锥齿轮轴系的位置应能作轴向调整。

因实验条件的限制，本实验忽略过盈配合的松紧程度、轴肩过渡圆角及润滑问题。

（4）测绘各零件的实际结构尺寸（底板不测绘，轴承座只测量轴向宽度）；

（5）将实验零件放回箱内，排列整齐，工具放回原处；

（6）在实验报告上按 1：1 比例完成轴系结构设计装配图（只标注各段轴的直径和长度即可，公差配合及其余尺寸不标注，零件序号、标题栏可省略）。

五、轴系结构设计实验方案

轴系结构设计实验方案如表 9.1～9.3 所示。

表 9.1　轴系结构设计实验方案 1

方案类型	序号	方案号	设计条件						
			轴系布置简图	轴承固定方式	轴承代号	L/mm	传动件		
							齿轮	带轮	联轴器
单级齿轮减速器输入轴	01	1-1		两端固定结构	6206	95	A	A	
	02	1-2		两端固定结构	7206C	95	A	B	
	03	1-3		两端固定结构	30206	95	A	B	
二级齿轮减速器输入轴	04	2-1		两端固定结构	6206	145	B		A
	05	2-2		两端固定结构	7206C	145	B		B
	06	2-3		两端固定结构	30206	145	B		C
二级齿轮减速器中间轴	07	4-1		两端固定结构	7206	135	B,C		
	08	4-2		两端固定结构	30206	135	B,C		

表9.2 轴系结构设计实验方案2

方案类型	序号	方案号	设计条件				传动件
			轴系布置简图	轴承固定方式	轴承代号	L/mm	
蜗杆减速器输入轴	09	3-1		一端固定一端游动	固定端 7206C 游动端 6306	168	
	10	3-2		一端固定一端游动	固定端 7206C 游动端 N306	168	蜗杆 φ30 φ30 130
	11	3-3		一端固定一端游动	固定端 30206 游动端 6306	168	联轴器 φ22 38
	12	3-4		一端固定一端游动	固定端 7206 游动端 N306	168	
	13	3-5		一端固定一端游动	固定端 6206 游动端 6306	157	
	14	3-6		一端固定一端游动	固定端 6206 游动端 N206	157	

表9.3 轴系结构设计实验方案3

方案类型	序号	方案号	设计条件				传动件	
			轴系布置简图	轴承固定方式	轴承代号	L/mm	齿轮	联轴器
锥齿轮减速器输入轴	15	5-1		两端固定结构	6205	80	A	φ22 36
	16	5-2		两端固定结构	6205	80	B	
	17	5-3		一端固定一端游动	固定端 6205 游动端 6305	80	A	

方案类型	序号	方案号	设计条件						
			轴系布置简图	轴承固定方式	轴承代号	L/mm	传动件		
							齿轮	联轴器	
锥齿轮减速器输入轴	18	5-4		两端固定结构	30205	80	A		
	19	5-5		两端固定结构	30205	80	B		
	20	5-6		两端固定结构	30205	75	B		

表 9.4 为传动件结构及相关尺寸。

表 9.4 传动件结构及相关尺寸

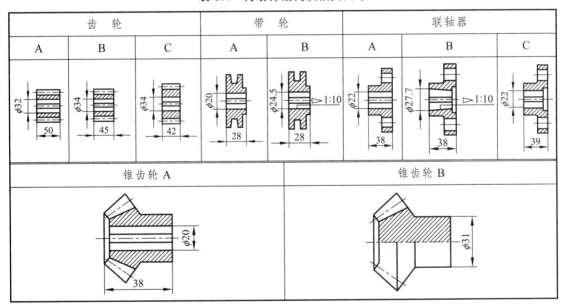

六、实验报告内容

（1）实验目的。

（2）实验内容。

实验方案号：

已知条件：

（3）预习作业。

① 为什么轴通常要做成中间大两头小的阶梯形状？如何区分轴上的轴颈、轴头和轴身各段，它们的尺寸是如何确定的？

② 轴系的固定方式有哪几种？在本次实验中采用了哪种方式？为什么？

③ 根据实验方案等，绘出轴系结构设计装配草图。

（4）按 1∶1 的比例绘出轴系结构设计装配图。

六、思考题

（1）零件在轴上的轴向固定和周向固定有哪些方式？有何特点？在本次实验中采用了哪些方式？

（2）轴承间隙是如何调整的？调整方式有何特点？

（3）轴系中采用哪种类型的轴承？为什么？

（4）如何调整轴系中圆锥齿轮副和蜗杆副的啮合位置，以保证传动良好？

第三部分

材料力学课程实验

实验十 金属材料的拉伸、压缩及测 E 实验

一、实验目的

（1）使学生能熟悉微机控制电子万能试验机、蝶式引伸仪等设备和仪器的工作原理及操作方法，了解本实验的基本操作步骤。

（2）观察低碳钢与铸铁在拉伸和压缩时的变形规律和破坏现象，并进行比较。

（3）对增量法这一测试方法能够理解并掌握，掌握实验数据的获得及处理。

二、实验内容

（1）观察低碳钢、铸铁在拉伸和压缩过程中力与变形的关系，绘制拉伸图。

（2）测定低碳钢和铸铁拉、压时的一些强度和塑性性能指标，并将两者结果进行比较。

（3）了解低碳钢、铸铁拉伸和压缩破坏时的断面形状，比较两者之间的差异。

（4）用增量法测定低碳钢的弹性模量 E，并验证胡克定律。

三、实验设备及试样

测定材料的力学性能的主要设备是材料试验机。常用的材料试验机有拉力试验机、扭转试验机、冲击试验机、疲劳试验机等。能兼作拉伸、压缩、弯曲等多种实验的试验机称为万能材料试验机，或简称为万能机。供静力实验用的万能材料试验机有液压式、机械式、微机控制电子式等类型。下面主要介绍微机控制电子万能试验机。

（一）微机控制电子万能试验机

1. 微机控制电子万能试验机的结构及原理

图 10.1 为 CMT 系列微机控制电子万能试验机的结构简图。CMT 系列微机控制电子万能试验机是采用先进的基于 DSP 的数字闭环控制与测量系统，是具有微机控制、全数字闭环及图形显示等功能的精密仪器。

微机控制电子万能试验机包括主机及微机部分。主机部分主要由机架及横梁、传动系统、力测量系统、变形测量系统、位移测量系统、夹具装置、限位装置、控制面板和急停开关等构成。微机部分主要由计算机、打印机和试验软件构成。

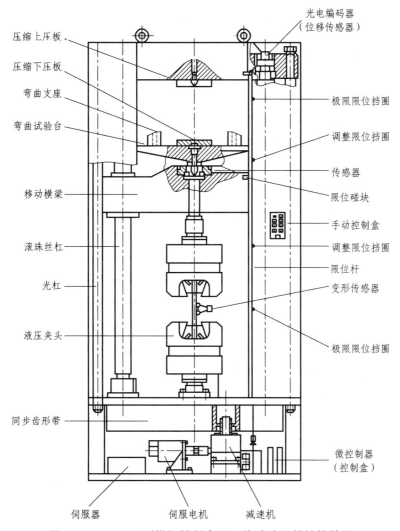

压缩上压板
压缩下压板
弯曲支座
弯曲试验台
移动横梁
滚珠丝杠
光杠
液压夹头
同步齿形带

光电编码器
（位移传感器）
极限限位挡圈
调整限位挡圈
传感器
限位碰块
手动控制盒
调整限位挡圈
限位杆
变形传感器
极限限位挡圈
微控制器
（控制盒）

伺服器   伺服电机   减速机

图 10.1　CMT 系列微机控制电子万能试验机的结构简图

传动系统主要用来控制试验机的试验台运行，包括伺服控制器、伺服电机、减速机构、同步齿形带和丝杠等装置。它们都是由微控制器来控制的。

力测量系统是试验机的核心部分之一，用来测量试验力，由测力传感器、测力放大器、A/D 转换器件和接口电路等组成。试验力通过测力传感器转换成电信号，输入测力放大器单元加以放大，再经 A/D 转换进入计算机并实时显示试样承受的力。

变形测量系统属于试验机的辅助系统，用来测量试样在实验中的变形量，由引伸计、放大器、A/D 转换器和接口电路等组成。材料的变形通过引伸仪转换成电信号，输入放大器加以放大，再经 A/D 转换进入计算机。一般根据材料的变形范围来选取不同的引伸计。

位移测量系统主要测量横梁在试验中的移动位移，由光电编码器、位移测量单元和接口电路等组成。

试验机还配备了超载保护和限位保护装置。当设备在试验过程中力传感器超过了设定的力值时，设备将自动停机。限位保护装置也是本机的重要组成部分。如图 10.1 所示，移动横梁上固定有限位碰块，限位杆上配有上下固定挡圈和两个可调挡圈，试验过程中如果碰块和挡圈碰触时将带动限位杆移动，触发设备的限位保护装置作用，移动横梁运行停止。通过上下两个可调挡圈的调节可设定移动横梁运行的范围，为操作和试验提供极大的方便和安全可靠的保护。

　　该系列试验机采用不同的夹具，能完成各种材料在拉伸、压缩、弯曲等状态下的力学性能试验；采用微机控制全试验过程，实时动态显示负荷值、位移值、变形值、试验速度和试验曲线。采用三闭环（力、变形、位移）控制系统，实现力、变形、位移全数字三闭环控制，各控制环间可自动切换，并在各方式间切换时实现无冲击平滑过渡。图 10.2 为 CMT 系列微机控制电子万能试验机的电气原理框图。

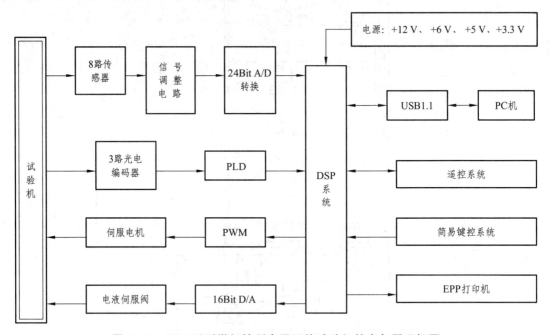

图 10.2　CMT 系列微机控制电子万能试验机的电气原理框图

2. 手动控制盒

　　试验机配备有手动控制盒，用于操作人员手动操作试验机，可调节移动横梁和夹具到最佳位置。控制盒面板如图 10.3 所示。

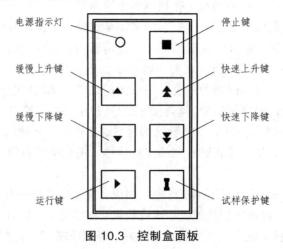

图 10.3　控制盒面板

电源指示灯亮表示主机处于开机状态，灯灭表示主机处于关机状态。快速上升键用于将移动横梁快速上升；快速下降键用于将移动横梁快速下降；缓慢上升键用于将移动横梁缓慢上升；缓慢下降键用于将移动横梁缓慢下降，以上四键都是按下移动，松开停止。试样保护键用于消除试样在夹持过程中的初夹力。按运行键，机器将按设定的试验方案进行试验。停止键用于在试验过程中停止试验。

3. 微机控制电子万能试验机的试验操作

在确认设备的电源连线和信号连线连接无误后，即可按照如下顺序开机：试验机→计算机→打印机，主机和计算机的开机顺序会影响计算机的通信初始化设置，所以必须严格按照上述开机顺序进行。开机后运行配套软件，根据试样情况准备好夹具，并将其安装在夹具座上，再对夹具进行检查，夹持试样。先将试样夹在下夹头上，力清零消除试样自重后再夹持试样的另一端，设置好限位装置。在试验结束后，即可按如下顺序关机：试验机→打印机→计算机。

4. 注意事项

（1）任何时候都不能带电插拔电源线，否则很容易损坏电气控制部分。每次开机后要预热 10 min，待系统稳定后，才可进一步使用。如果刚刚关机，需要再开机，至少保证 10 s 的间隔时间。试验结束后，一定要关闭所有电源。

（2）试验开始前，一定要调整好限位挡圈。在更换夹具后，首先要注意调整好可调挡圈。尤其在用小力值传感器做试验时，一定要放置好可调挡圈，以免操作失误而损坏小力值传感器。

（3）试验过程中，不能远离试验机。

（4）试验过程中，除停止按键和急停开关外，不要按控制盒上的其他按键，否则会影响试验。

（5）变换小负荷传感器时，切记更换试验软件，否则很容易发生超载而损坏小负荷传感器。

（二）蝶式引伸仪

材料力学实验中，除测定试样或构件的承载能力外，还经常要测定它们的变形。变形一般很小，要用高精度、高放大倍数的仪器才能测出，这类仪器即为变形仪。机械式引伸仪是变形仪中的一种。

安装于试样上的引伸仪，只能感受试样上长为 l_0 的变形，l_0 称为标距。引伸仪测出的是 l_0 的长度变化，即总变形 Δl。由此算出的应变 $\varepsilon = \dfrac{\Delta l}{l_0}$ 其实是 l_0 范围内的平均应变。由于引伸仪上的读数 ΔA 是经过放大系统放大后的数值，应除以引伸仪的放大倍数 k 才是变形 Δl，即

$$\Delta l = \frac{\Delta A}{k} \tag{10-1}$$

仪器能测量的最大范围称为量程。量程、标距和放大倍数是引伸仪的主要参数。下面介

绍几种常用的机械式引伸仪。

1. 千分表及百分表

千分表利用齿轮放大原理制成，如图 10.4 所示，主要用于测量位移，工作时将细轴的触头紧靠在被测量的物体上，物体的变形将引起触头的上下移动，细轴上的平齿便推动小齿轮以及和它同轴的大齿轮共同转动，大齿轮带动指针齿轮，于是大指针随之转动。如大指针在刻度盘上每转动一格，表示触头的位移为 1/1 000 mm，则放大倍数为 1 000，称为千分表。若大指针每转动一格，表示触头的位移为 1/100 mm，则称为百分表。大指针转动的圈数可由量程指针予以记忆。百分表的量程一般为 5 ~ 10 mm，千分表则为 3 mm 左右。

安装千分表时，应使细轴的方向（亦即触头的位移方向）与被测点的位移方向一致。对细轴应选取适当的预压缩量。测量前可转动刻度盘使指针对准零点。

2. 蝶式引伸仪（双表式引伸仪）

在蝶式引伸仪的变形传递架的左、右两部分上，各有一个标杆，标杆上各有一个刀口，如图 10.5 所示。传递架的左、右两部分上还各自装有一个活动的下刀口。下刀口实际上是杠杆的一端，杠杆的支点在中点，另一端则与千分表（或百分表）的触头接触。上刀口由夹紧架弹簧夹紧，下刀口由传递架上的弹簧安装在试样上，上、下刀口间的距离即为标距。试样变形时上刀口不动，下刀口绕杠杆支点转动，因而杠杆的另一端推动千分表。由于支点在杠杆的中点，千分表触头的位移与下刀口的位移相等。

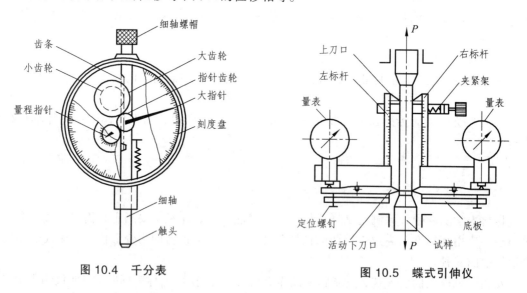

图 10.4　千分表　　　　　　　图 10.5　蝶式引伸仪

改变上刀口在标杆上的位置就可得到不同的标距。按照国家标准的规定，一般取 50 mm 和 100 mm 两种标距。

安装蝶式引伸仪的注意事项是：① 选定标距，检查标杆和标杆上的上刀口紧固螺钉是否拧紧，两个上刀口是否对齐；② 给两个千分表一定的预压缩量，最好使两者的预压缩量相等；③ 引伸仪安装在试样上时，上、下 4 个刀口的 4 个接触点与试样轴线应大致在同一平面内。测量前可调整千分表的指针对准零点。

（三）拉伸和压缩试样

1. 拉伸试样

由于试样的形状和尺寸对实验结果有一定影响，为便于互相比较，应按统一规定加工成标准试样。图 10.6（a）、（b）分别表示横截面为圆形和矩形的拉伸试样。l_0 是测量试样伸长前的长度，称为原始标距。按现行国家标准 GB 6397—86 的规定，拉伸试样分为比例试样和非比例试样两种。比例试样的标距 l_0 与原始横截面面积 A_0 的关系规定为

$$l_0 = k\sqrt{A_0} \tag{10-2}$$

式中，系数 k 的值取为 5.65 时称为短试样，取为 11.3 时称为长试样。对直径为 d_0 的圆截面短试样，$l_0 = 5.65\sqrt{A_0} = 5d_0$；对长试样，$l_0 = 11.3\sqrt{A_0} = 10d_0$。非比例试样的 l_0 和 A_0 不受上述关系的限制。

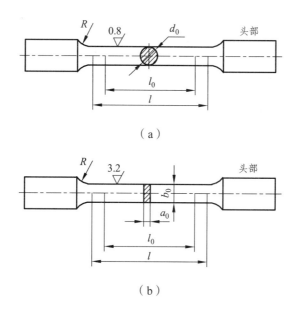

图 10.6　拉伸试样

试样的表面粗糙度应符合国家标准。在图 10.6 中，尺寸 l 称为试样的平行长度，圆截面试样 l 不小于 $l_0 + d_0$；矩形截面试样 l 不小于 $l_0 + \dfrac{b_0}{2}$。为保证由平行长度到试样头部的缓和过渡，要有足够大的过渡圆弧半径 R。试样头部的形状和尺寸，与实验机的夹具结构有关，图 10.6 所示的试样适用于楔形夹具。这时，试样头部长度不应小于楔形夹具长度的 2/3。

2. 压缩试样

压缩试样通常为圆柱形，也分短、长两种，如图 10.7 所示。试样受压时，两端面与实验机垫板间的摩擦力约束试样的横向变形，影响试样的强度。随着比值 h_0/d_0 的增加，上述摩擦力对试样中部的影响减弱。但比值 h_0/d_0 也不能过大，否则将引起失稳。测定材料抗压强度的

短试样，通常规定 $1 \leqslant \dfrac{h_0}{d_0} \leqslant 3$ 。至于长试样，多用于测定钢、铜等材料的弹性常数 E、μ 及比例极限和屈服极限等。

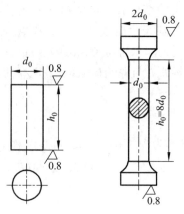

图 10.7　压缩试样

四、实验原理及方法

常温下的拉伸实验是测定材料力学性能的基本实验，可以测定弹性模量 E 和 μ、比例极限 σ_{p}、屈服极限 σ_{s}、抗拉强度 σ_{b}、伸长率 δ 和断面收缩率 ψ 等。这些力学性能指标都是工程设计的重要依据。

1. 弹性模量 E 的测定

弹性模量是应力低于比例极限时应力与应变的比值，即

$$E = \frac{\sigma}{\varepsilon} = \frac{Pl_0}{A_0 \Delta l} \tag{10-3}$$

可见，在比例极限内，对试样施加拉伸载荷 P，并测出标距 l_0 的相应伸长 Δl，即可求得弹性模量 E。在弹性变形阶段内试样的变形很小，测量变形需用放大倍数为 1 000 的蝶式引伸仪。

为检查载荷与变形的关系是否符合胡克定律，减少测量误差，试验一般用等增量法加载，即把载荷分成若干相等的加载等级 ΔP（见图 10.8），然后逐级加载。为保证应力不超出比例极限，加载前先估算出试样的屈服载荷，以屈服载荷的 70% ~ 80% 作为测定弹性模量的最高载荷 P_n。此外，为使试验机夹紧试样，消除引伸仪和试验机机构的间隙，以及开始阶段引伸仪刀刃在试样上的可能滑动，对试样应施加一个初载荷 P_0，P_0 可取为 P_n 的 10%。从 P_0 到 P_n 将载荷分成 n 级，且不小于 5，于是

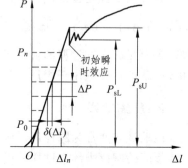

图 10.8　低碳钢的 $\sigma\text{-}\varepsilon$ 曲线

$$\Delta P = \frac{P_n - P_0}{n} \quad (n \geqslant 5)$$

例如，若低碳钢的屈服极限 $\sigma_s = 235$ MPa，试样直径 $d_0 = 10$ mm，则

$$P_n = \frac{1}{4} \pi d_0^2 \times \sigma_s \times 80\% = 14\ 800 \text{ N}\ \text{（取为 15 kN）}$$

$$P_0 = P_n \times 10\% = 1.5 \text{ kN}$$

实验时，从 P_0 到 P_n 逐级加载，载荷的每级增量为 ΔP。对应着每个载荷 P_i（$i = 1, 2 \cdots n$），记录下相应的伸长 Δl_i，Δl_{i+1} 与 Δl_i 的差值即为变形增量 $\delta(\Delta l)_i$，它是 ΔP 引起的伸长增量。在逐级加载中，若得到的各级 $\delta(\Delta l)_i$ 基本相等，就表明 Δl 与 P 成线性关系，符合胡克定律。完成一次加载过程，将得到 P_i 和 Δl_i 的一组数据，对应于每一个 $\delta(\Delta l)_i$，由公式（10-3）可以求得相应的 E_i 为

$$E_i = \frac{\Delta P \cdot l_0}{A_0 \cdot \delta(\Delta l)_i} \quad (i = 1, 2 \cdots n) \tag{10-4}$$

n 个 E_i 的算术平均值为

$$E = \frac{1}{n} \sum E_i \tag{10-5}$$

即为材料的弹性模量。

2. 屈服极限 σ_s 与抗拉强度 σ_b 的测定

测定 E 后重新加载，当到达屈服阶段时，低碳钢的 P-Δl 曲线呈锯齿形，如图 10.8 所示。与最高载荷 P_{sU} 对应的应力称为上屈服点，它受变形速度和试样形状的影响，一般不作为强度指标。同样，载荷首次下降的最低点（初始瞬时效应）也不作为强度指标。一般将初始瞬时效应以后的最低载荷 P_{sL} 除以试样的初始横截面面积 A_0 作为屈服极限 σ_s，即

$$\sigma_s = \frac{P_{sL}}{A_0} \tag{10-6}$$

若试验机由示力度盘和指针指示载荷，则在进入屈服阶段后，示力指针停止前进，并开始倒退，这时应注意指针的波动情况，捕捉指针所指的最低载荷 P_{sL}。

屈服阶段过后，进入强化阶段，试样又恢复了抵抗继续变形的能力，如图 10.9 所示。载荷到达最大值 P_b 时，试样某一局部的截面明显缩小，出现"颈缩"现象。这时示力度盘的从动针停留在 P_b 不动，主动针则迅速倒退，表明载荷迅速下降，试样即将被拉断。以试样的初始横截面面积 A_0 除 P_b 得抗拉强度 σ_b，即

$$\sigma_b = \frac{P_b}{A_0} \tag{10-7}$$

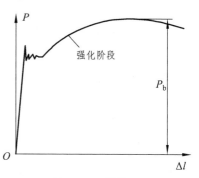

图 10.9　拉伸图

3. 断后伸长率 δ 与断面收缩率 ψ 的测定

试样的标距原长为 l_0，拉断后将两段试样紧密地对接在一起，量出拉断后的标距长为 l_1，断后伸长率 δ 应为

$$\delta = \frac{l_1 - l_0}{l_0} \times 100\% \qquad (10\text{-}8)$$

断口附近塑性变形最大，所以 l_1 的量取与断口的部位有关。

试样拉断后，设颈缩处的最小横截面面积为 A_1，由于断口不是规则的圆形，应在两个相互垂直的方向上量取最小截面的直径，以其平均值计算 A_1，然后按下式计算断面收缩率：

$$\psi = \frac{A_0 - A_1}{A_0} \times 100\% \qquad (10\text{-}9)$$

五、实验步骤

（1）测量试样尺寸。在标距 l_0 的中间两个位置上，沿两个相互垂直的方向，测量试样直径，以其平均值计算各横截面面积，再以两者的平均值作为公式（10-3）和（10-4）中的 A_0，至于公式（10-6）、（10-7）和（10-9）中的 A_0，则应以上述两个横截面面积中的较小值 A_0 为准。

（2）试验机准备。使用液压万能机时，根据估计的最大载荷，选择合适的示力度盘和相应的摆锤，并按操作规程进行操作。

（3）安装试样及引伸仪。

（4）进行预拉。为检查机器和仪表是否处于正常状态，先把载荷预加到测定 E 的最高载荷 P_n，然后卸载到 $0 \sim P_0$。

（5）加载。测定 E 时，先加载至 P_0，调整引伸仪为起始零点或记下初读数。加载按等增量法进行，应保持加载的均匀、缓慢，并随时检查是否符合胡克定律。载荷增加到 P_n 后卸载。测定 E 的试验应重复 3 次，完成后卸载取下引伸仪，然后以同样的速率加载直至测出 σ_s。屈服阶段后可增大实验速率，但也不应使横梁上升速率超过 30 mm/min。最后直到将试样拉断，记下最大载荷 P_b。

（6）取下试样，试验机恢复原状。

六、实验报告内容

（1）试验机名称、量具名称以及量具的最小分度值。

（2）低碳钢和铸铁力学性能指标测定报告的参考表格，如表 10.1 ~ 10.6 所示。

① 试验原始尺寸记录。

a. 拉伸试样。

表 10.1　拉伸试样原始尺寸

材料	原始标距 l_0 /mm	直径 d_0 /mm						最小横截面面积 A_0 /mm²
		截面 1			截面 2			
		（1）	（2）	平均	（1）	（2）	平均	
低碳钢								
铸铁								

b. 压缩试样。

表 10.2　压缩试样原始尺寸

材 料	长度 l /mm	直径 d_0 /mm			横截面面积 A_0 /mm²
		（1）	（2）	平 均	
低碳钢					
铸 铁					

② 试验数据。

a. 拉伸试验。

表 10.3　拉伸试验数据

材 料	屈服载荷 P_s /kN	最大载荷 P_b /kN	断后标距 l_1 /mm	断裂处最小直径 d_1 /mm		
				（1）	（2）	平 均
低碳钢						
铸 铁						

b. 压缩试验

表 10.4　压缩试样数据

材 料	屈服载荷 P_s /kN	最大载荷 P_b /kN
低碳钢		
铸 铁		

③ 作图（定性画，适当注意比例，特征点要清楚）。

表 10.5　拉伸、压缩作图

受力特征	材料	P-Δl 曲线	断口形状和特征
拉伸	低碳钢		
	铸　铁		
压缩	低碳钢		
	铸　铁		

④ 材料拉伸、压缩时力学性能计算。

表 10.6　材料拉伸、压缩时力学性能计算

项　目	低碳钢		铸　铁	
	计算公式	计算结果	计算公式	计算结果
拉伸屈服极限 σ_s/MPa				
拉伸强度极限 σ_b/MPa				
延伸率 δ/%				
断面收缩率 ψ/%				
压缩屈服极限 σ_{sc}/MPa				
压缩强度极限 σ_{bc}/MPa				

（3）低碳钢弹性模量 E 的测定报告的参考表格如表 10.7 ~ 10.8 所示。
① 试验原始尺寸记录。

表 10.7　低碳钢弹性模量 E 的测定试验原始尺寸

材料	标距 l_0/mm	直径 d_0/mm						平均横截面面积 A_0/mm^2
		截面 1			截面 2			
		（1）	（2）	平均	（1）	（2）	平均	
低碳钢								

② 试验数据和计算。

表 10.8　低碳钢弹性模量 E 的测定试验数据和计算

载荷 /kN	引伸仪读数				读数差 平均值 $\Delta A_{平}$ /格	伸长增量 $\delta(\Delta l)_i = \Delta A_{平} \times 10^{-3}$	弹性模量 $E_i = \dfrac{\Delta P \cdot l_0}{A_0 \cdot \delta(\Delta l)_i}$
	左侧读数 $A_{左}$ /格	读数差 $\Delta A_{左}$ /格	右侧读数 $A_{右}$ /格	读数差 $\Delta A_{右}$ /格			
$P_0 =$							
$P_1 =$							
$P_2 =$							
$P_3 =$							
$P_4 =$							
$P_5 =$							
$\Delta P =$	弹性模量 $E = \dfrac{1}{n} \sum E_i =$						

七、思考题

（1）根据实验结果，选择下列括号中的正确答案：

① 铸铁拉伸受（拉、剪）应力破坏；

② 铸铁压缩受（拉、剪）应力破坏；

③ 低碳钢的抗剪能力（大于、小于、等于）抗拉能力；

④ 低碳钢的抗拉能力（大于、小于、等于）铸铁的抗拉能力；

⑤ 铸铁的抗拉能力（大于、小于、等于）抗压能力；

⑥ 低碳钢的塑性（大于、小于、等于）铸铁的塑性；

⑦ 若制造机床的床身，应选择（钢、铸铁）为材料；

⑧ 若制造内燃机汽缸活塞杆，应选择（钢、铸铁）为材料。

（2）通过试验，试从强度、塑性、断口形状和破坏原因等方面分析对比低碳钢和铸铁在拉伸、压缩试验中的力学性能。

（3）试样的截面面积和尺寸对测定弹性模量有无影响？

（4）如何通过本实验来验证胡克定理？

（5）测定 E 时为何要加初载荷 P_0 并限制最高载荷 P_n？采用分级加载的目的是什么？

实验十一　金属材料的扭转实验

一、实验目的

（1）使学生能熟悉扭转试验机等设备的工作原理及操作，了解扭转实验的基本步骤。
（2）掌握实验数据的获得及处理，了解低碳钢和铸铁扭转破坏时的断面形状。

二、实验内容

（1）测定低碳钢和铸铁扭转时的一些强度和塑性性能指标。
（2）观察低碳钢、铸铁扭转破坏时的断面形状，比较两者之间的差异。

三、实验设备及试样

1. 微机控制扭矩试验机

扭转试验机用于测定金属或非金属试样受扭时的力学性能。现介绍扭转试验机的结构及工作原理。

（1）主机结构及电控原理。

主机由机座、溜板、微机测量系统组成，如图11.1所示。安装在溜板上加载机构可以在

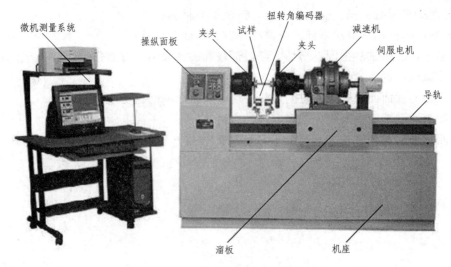

图 11.1　微机控制扭矩试验机

机座导轨上自由滑动，加载机构由伺服电机带动减速机对试样进行扭力加载，通过扭矩传感器测量试样的扭矩值。试验机的正反加载和停车可按动操纵面板的按钮，同时扭转角度由高精度光电编码器检测，检测到的信号传递给处理系统，完成对试样扭转指标的测量及曲线的绘制。

电控原理框图如图 11.2 所示。

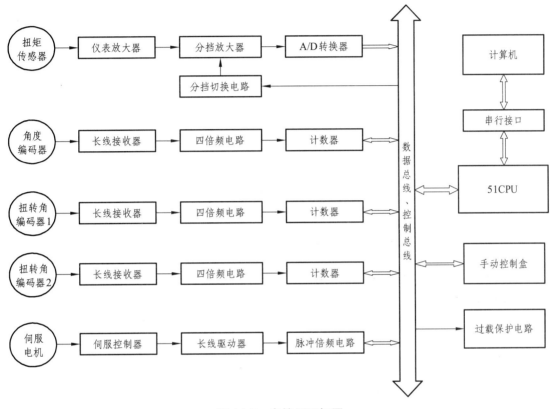

图 11.2　电控原理框图

（2）系统控制软件操作简介。

①　主窗口。

主窗口是用来控制各种操作和实测数据与曲线的显示，如图 11.3 所示。

测试软件提供了以下几组下拉式菜单选择项，供用户用鼠标或键盘操作执行所需功能。

a. 用鼠标直接单击所需菜单项，打开下拉菜单选中相应功能，即可显示并执行。

b. 用键盘操作：一种方式是按下 Alt 键使菜单项出现高亮度显示，用 ←、→ 键，移动高亮度显示区到所要选的菜单项处，按 Enter 键，打开下拉菜单，并用 ↓、↑ 键移动高亮区到相应功能处，按 Enter 键，即可执行所选功能，按 Esc 键取消操作。

c. 热键方式：同时按下 Alt 键和带下划线的字母键，即可执行相应功能。如执行"数据读盘"功能，可按下 Alt + F + R 键。

d. 快捷键方式：直接按下菜单功能项中相应功能右边所列出的加速键，而不需打开菜单项。如执行数据存盘功能，直接按 Ctrl + S 键，即可出现对话框存盘操作。

e. 便捷按钮（带图标），用鼠标直接单击。

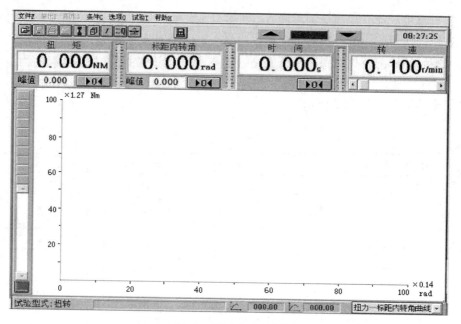

图 11.3　测试软件主界面

f. 菜单功能后面的箭头，表示还有下一级菜单。

② 工具条。

它是常用功能的便捷按钮，用鼠标单击某按钮即可执行相应功能，而无需打开菜单去选择。各按钮的含义如图 11.4 所示。

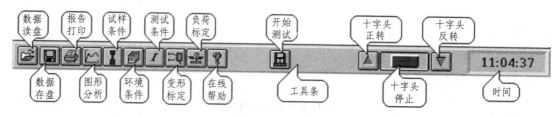

图 11.4　工具条

③ 数据显示条。

数据显示条用作负荷、变形（或位移、或时间）、速度显示，包含了负荷、变形手动清零按钮和手动置挡下拉列表框，滚动条用作输入十字头移动速度，如图 11.5 所示。

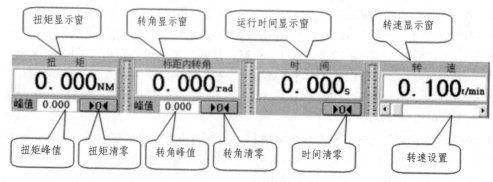

图 11.5　数据显示条

（3）操作注意事项。

① 在使用计算机时，不要将来历不明或与本机无关的 U 盘在此机进行读写（或拷贝），预防计算机病毒感染，否则会造成系统瘫痪。

② 在开机前，必须检查计算机与主机的连接线、插头、插座、电源插头是否正确。

③ 十字头限位装置触头位置的检查很重要，如果位置不对或螺钉紧固不好，可能造成传感器或其他部位的损坏。

④ 检查急停开关的状态，压下为急停状态，顺时针旋转后（弹起）为移动状态，在测试前急停开关应处于移动状态。

⑤ 计算机键盘（鼠标）与十字头控制盒，不得两人同时按运行或停止键。

⑥ 正确选择夹具，不得超载。

⑦ 启动软件，不得关计算机电源；退出软件，退出 Windows 后才允许关计算机电源。否则将造成系统软件破坏。

⑧ 突遇停电请马上关掉所有电源，待确认供电稳定后再开机。

⑨ 本机运行后切勿离开。

2. 扭转试样

扭转试样一般为圆截面（见图 11.6），l_0 为标距，l 为平行长度。取试件的两端和中间两个截面，每个截面在相互垂直的方向各量取一次直径，取两个截面平均直径的算术平均值来计算极惯性矩 I_p，取两个截面中最小平均直径来计算抗扭截面模量 W_t。在低碳钢试样表面画上两条纵向线和两圈圆周线，以便观察扭转变形。

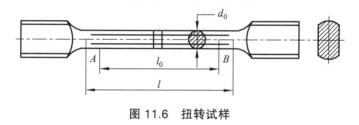

图 11.6 扭转试样

四、实验原理及方法

1. 测定低碳钢的剪切屈服极限 τ_s 和剪切强度极限 τ_b

安装好试件后进行加载。在加载过程中，可用机器的记录装置绘出 T-ϕ 图，如图 11.7 所示。在比例极限内，T 与 ϕ 成线性关系。横截面上切应力沿半径线性分布，如图 11.8（a）所示。随着 T 的增大，横截面边缘处的切应力首先到达剪切屈服极限 τ_s，而且塑性区逐渐向圆心扩展，形成环形塑性区，如图 11.8（b）所示。但中心部分仍然是弹性的，所以 T 仍可增加，T 与 ϕ 的关系成为曲线。直到整个截面几乎都是塑性区，如图 11.8（c）所示，在 T-ϕ 上出现屈服平台（见图 11.7），示力度盘的指针基本不动或轻微摆动，相应的扭矩为 T_s。如认为这时整个圆截面皆为塑性区，则 T_s 与 τ_s 的关系为

$$T_s = \frac{4}{3} W_t \tau_s \quad \text{或} \quad \tau_s = \frac{3T_s}{4W_t} \tag{11-1}$$

式中，W_t 为抗扭截面系数，$W_t = \dfrac{\pi d^3}{16}$。

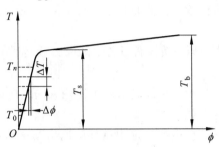

图 11.7 低碳钢的 $T\text{-}\phi$ 关系图

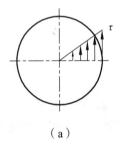 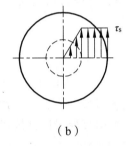 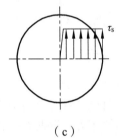

（a） （b） （c）

图 11.8 横截面上切应力分布

过屈服阶段后，材料的强化使扭矩又有缓慢上升。但变形非常显著，试样的纵向画线变成螺旋线。直至扭矩到达极限值 T_b，试样被扭断。与 T_b 相应的剪切强度极限 τ_b 仍由公式（11-1）计算，即

$$\tau_b = \frac{3T_b}{4W_t} \tag{11-2}$$

2. 铸铁剪切强度极限 τ_b 的测定

铸铁试样受扭时，变形很小即突然断裂。其 $T\text{-}\phi$ 图接近直线，如图 11.9 所示。如把它作为直线，τ_b 可按线弹性公式计算，即

$$\tau_b = \frac{T_b}{W_t} \tag{11-3}$$

3. 测定低碳钢的剪切弹性模量 G

选取初扭矩 T_0 和比例极限内最大试验扭矩 T_n，从 T_0 到 T_n 分成 n 级加载，如图 11.7 所示，每级扭矩增量为

$$\Delta T = \frac{T_n - T_0}{n}$$

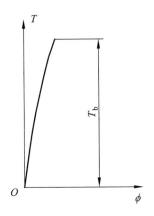

图 11.9　铸铁的 T-ϕ 关系图

　　实验时，由 T_0 到 T_n 逐次增加扭矩增量 ΔT。对应着每一个扭矩 T_i 都可测出相应的扭转角 ϕ_i。与扭矩增量 ΔT 对应的扭转角增量为 $\Delta\phi_i = \phi_{i+1} - \phi_i$，加载中，若各级 $\Delta\phi_i$ 基本相等，就表明 ϕ 和 T 的关系是线性的。则有

$$G_i = \frac{\Delta T \cdot l_0}{I_p \cdot \Delta\phi_i} \quad (i = 1, \ 2\cdots n) \tag{11-4}$$

取 G_i 的平均值作为材料的剪切弹性模量，即

$$G = \frac{1}{n}\sum G_i \quad (i = 1, \ 2\cdots n) \tag{11-5}$$

五、实验报告内容

（1）试验机名称、量具名称以及量具的最小分度值。

（2）参考表格，如表 11.1 ~ 11.5 所示。

① 测定低碳钢和铸铁的扭转强度性能指标。

a. 试验原始尺寸记录。

表 11.1　试验原始尺寸

材　料	直径 d_0/mm						抗扭截面模量 W_t/mm³
	截面 1			截面 2			
	（1）	（2）	平均	（1）	（2）	平均	
低碳钢							
铸铁							

b. 试验数据记录及数据处理。

表 11.2　试验数据记录及数据处理

项　目	材　料	
	低碳钢	铸　铁
参加扭转长度		
屈服扭矩		
破坏扭矩		
破坏时扭转角		

c. 材料扭转力学性能计算。

表 11.3　材料扭转力学性能计算

项　目	低碳钢		铸　铁	
	计算公式	计算结果	计算公式	计算结果
剪切屈服极限				
剪切强度极限				
破坏时单位扭角				

② 测定低碳钢的剪切弹性模量 G。

a. 试验原始尺寸记录。

表 11.4　试验原始尺寸

材　料	标距 l_0/mm	直径 d_0/mm						平均横截面极惯性矩 I_p/mm^4
		截面 1			截面 2			
		（1）	（2）	平均	（1）	（2）	平均	
低碳钢								

b. 试验数据和计算。

表 11.5　试验数据和计算

载荷 /N·m	读　数				读数差平均值	扭转角增量 $\Delta\phi_i$	剪切弹性模量 $G_i = \dfrac{\Delta T \cdot l_0}{I_\text{p} \cdot \Delta\phi_i}$
	第一次读数	读数差	第二次读数	读数差			
$T_0 =$							
$T_1 =$							
$T_2 =$							
$T_3 =$							
$T_4 =$							
$T_5 =$							
$\Delta T =$	剪切弹性模量 $G = \dfrac{1}{n}\sum G_i =$						

六、思考题

（1）低碳钢和铸铁试件的扭转破坏形式如何？为什么？

（2）如用木材或竹材制成纤维平行于轴线的圆截面试样，受扭时它们将按怎样的方式破坏？

（3）比较低碳钢的拉伸和扭转实验，从进入塑性变形阶段到破坏的全过程，两者有什么明显的差异？

实验十二　冲击实验

一、实验目的

（1）了解摆锤冲击实验的基本方法。

（2）通过系列冲击实验，测定低碳钢、工业纯铁和 T8 钢在不同温度下的冲击吸收功，拟合 3 种金属韧脆转变温度。

二、实验原理

韧性是材料承受载荷作用导致发生断裂的过程中吸收能量的特性。冲击吸收功的测量原理为冲击前摆锤位能形式存在的能量中的一部分被试样在受冲击后发生断裂的过程中所吸收。摆锤的起始高度与它冲断试样后达到的最大高度之间的差值可以直接转换成试样在冲断过程中所消耗的能量，试样吸收的功称为冲击功（ A_k ）。

采用系列冲击实验，即测定材料在不同温度下的冲击吸收功，可以确定其韧脆转变温度，即当温度下降时，由韧性转变成脆性行为的温度范围，在 A_k - T 曲线上表现为 A_k 值显著降低的温度。曲线冲击功明显变化的中间部分称为转化区，脆性区和塑性区各占 50% 时的温度称为韧脆转变温度（DBTT）。当断口上结晶或解理状脆性区达到 50% 时，相应的温度称为断口形貌转化温度（FATT）。

脆性断裂：材料在低温断裂时会呈现脆性断裂，所谓脆性断裂即材料在极微小甚至没有塑性变形及其预警的情况下所发生的断裂，低倍放大镜下断口形貌往往是光亮的结晶状。

解理断裂：当外加正应力达到一定数值后，以极速率沿特定晶面产生的穿晶断裂现象称为解理。解理断口的基本微观特征是台阶、河流、舌状花样等。

全韧型断口：断口晶状区面积百分比定为 0%。

全脆型断口：断口晶状区面积百分比定为 100%。

韧脆型断口：断口晶状区面积百分比需用工具显微镜进行测量，计算出断口解理部分面积，计算出断口晶状区面积百分比。

三、实验材料、试样及设备仪器

（1）按照相关国标标准 GB/T 229—1994（金属夏比缺口冲击试验方法）要求完成试验测量工作。

（2）实验材料：低碳钢、工业纯铁和 T8 钢。试样外形尺寸：10 mm×10 mm×55 mm，缺口部位为 U 形槽。

（3）实验设备与仪器。

冲击试验机：JB-30B，冲击试验机的标准打击能量为 300 J（±10 J），打击瞬间摆锤的冲击速度应为 5.0～5.5 m/s。冲击试验机一般在摆锤最大能量的 10%～90% 内使用；实验前应检查摆锤空打时被动指针的回零道，回零差不应超过最小分度值的 1/4。

工具显微镜：目镜 10×，物镜 2.5/0.08。

保温瓶：对于高温或低温冲击实验，保温瓶应能将实验温度稳定在规定值的 ±2 ℃ 之内。

温度计：测高温用的玻璃温度计最小分度值应不大于 1 ℃，测低温用数字显示式热电偶测温器。

其他：加热用电炉、烧杯、液氮、酒精、加持试样用镊子。

四、实验步骤

（1）了解摆锤冲击实验装置、工作原理及冲击方式。

（2）将 3 种试样分别做标记，标号为Ⅰ、Ⅱ、Ⅲ，然后放置于温度分别为 −60 ℃、−40 ℃、−30 ℃、−20 ℃、0 ℃、室温、沸水的介质中保温。

（3）达到预定温度后，保温 3 min 以上，然后准备进行冲击实验。

（4）试样的支座要符合规定距离，坚固不松动，摆锤的刀口处于支座跨度的中央，摆锤空载运动时指针应指在零位。

（5）冲击吸收功的实验测量。将试样快速准确地装卡到实验装置上，然后放下摆锤完成冲击实验。注意，当实验不在室温进行时，试样从高温或低温装置中移出至打断的时间不应大于 5 s，如不能满足要求，应采取过热或过冷的方法补偿温度损失。调试温度，以达到试样规定的实验温度。

（6）记录冲击功，并且根据断后形貌，在显微镜下观察计算韧脆区域比例，填入班级统计栏中。

五、实验数据记录及处理

1. 实验数据记录

表 12.1 和表 12.2 为实验数据记录表。

2. 断口形貌及晶状区面积计算

（1）断口形貌。

断口脆性区没有塑性变形，断口呈结晶状、平整且基本无形状变化，且呈现亮白色；塑性区有明显的塑性变形，断口不平整伴随较大的形状改变，呈现暗灰色。

表 12.1 系列冲击实验第 1 组数据

第 1 组实验数据							
温度/°C	19	80	0	−18	−30	−40	−60
低碳钢 A_k/J	148	168	124	115	87	90	4.0
低碳钢 断口解理面积/%	22	0	67	52	64	70	100
T8 钢 A_k/J	15	35	7.0	6.0	—	—	4.0
T8 钢 断口解理面积/%	100	100	100	100	—	—	100
纯 铁 A_k/J	—	—	278	>300	8/11	6/8	5.5
纯 铁 断口解理面积/%	—	—	0	0	94/94	100/94	100

表 12.2 系列冲击实验第 2 组数据

第 2 组实验数据							
温度/°C	79	20	−1	−20	−30	−40	−60
低碳钢 A_k/J	232	144	140	110.5	68	4.5	4.5
低碳钢 断口解理面积/%	0	24	32	57	75	100	100
T8 钢 A_k/J	28	54	22	13.5	—	—	—
T8 钢 断口解理面积/%	100	100	100	100	—	—	—
纯 铁 A_k/J	—	—	—	>128	>300/6	283	6.0
纯 铁 断口解理面积/%	—	—	—	0	0/100	0	19

（2）断口晶状区面积百分比计算。

根据国标 GB/T 12778—2008，按断口上晶状区的形状，若能归类成矩形、梯形时（见图 12.1），可用量具测出相应尺寸，按式（12-1）计算出断口晶状区面积百分比。

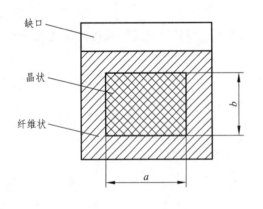

（a）矩形，测 a、b 均值

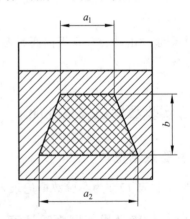

（b）梯形，测 a_1、a_2 和 b

$$a = \frac{1}{2}(a_1 + a_2)$$

图 12.1 量具测定断口解理面积示意图

$$断口晶状区面积百分比 = \frac{A_c}{A_0} \times 100\% \qquad (12\text{-}1)$$

式中 A_c ——断口中晶状区的总面积，mm^2；

　　　A_0 ——原始横截面面积，mm^2。

3. 用绘制韧脆转变曲线的方法确定韧脆转变温度

利用 Origin 软件拟合各样品的韧脆转变曲线，根据已有的研究结果选择 Boltzmann 函数进行拟合，可以较好地模拟出各类试样的韧脆转变温度。

（1）Q235 钢的韧脆转变曲线绘制如图 12.2 所示。

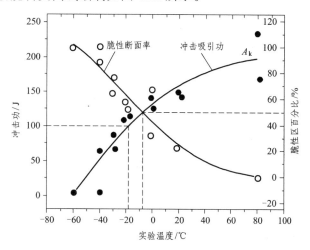

图 12.2　Q235 钢的韧脆转变曲线

在 Origin 中对冲击功曲线取点，得知 A_k 最大值为 197 J，最小值为 0 J；所以当 $A_k = 100$ J 时，温度 $T = -17.5\,°C$，即利用冲击吸收功所得韧脆转变温度 ETT_{50} 为 $-17.5\,°C$。

对脆性断面率曲线取点 $P = 50\%$ 时，$T = -7.7\,°C$，即利用脆性断面率所得的韧脆转变温度 $\text{FATT}_{50} = -7.7\,°C$。

（2）T8 钢的韧脆转变曲线绘制如图 12.3 所示。

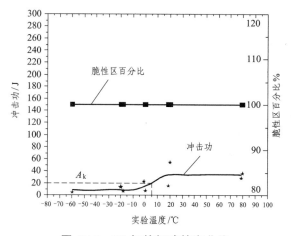

图 12.3　T8 钢的韧脆转变曲线

由两组拟合的曲线可知，T8 钢没有明显的韧脆转变现象，它是一种完全脆性的材料。

（3）工业纯铁的韧脆转变曲线绘制如图 12.4 所示。

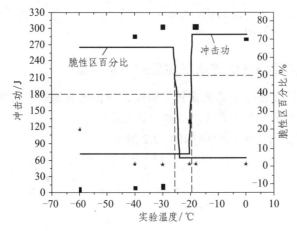

图 12.4　工业纯铁的韧脆转变曲线

在 Origin 中对冲击功曲线取点，得知 A_k 最大值为 289 J，最小值为 70 J；所以当 $A_k = 180$ J 时，温度 $T = 19.7$ ℃，即利用冲击吸收功所得韧脆转变温度 ETT_{50} 为 -19.7 ℃。

对脆性断面率曲线取点 $P = 50\%$ 时，$T = -25$ ℃，即利用脆性断面率所得的韧脆转变温度 $FATT_{50} = -25$ ℃。

六、实验分析及结论

1. 3 种材料的韧脆转变特性比较

本次实验中，T8、Q235、纯铁含碳量依次降低。由实验所得数据以及绘图拟合结果可知，含碳量比较低的纯铁在系列冲击实验冲击功有明显的下降斜率，具有明显的韧脆转变温度，并且其韧脆转变温度很低，在 -20 ℃左右；Q235 也有韧脆转变现象，但其转变温度比纯铁高，转变温度区间比纯铁宽，突变不明显；随着含碳量的继续增加，合金的强度不断提高，韧脆转变现象越发不明显，T8 钢已经显现出完全的脆性。

2. 冲击实验致脆因素

本次实验中，从 Q235 和纯铁的转变曲线中可以看出，随着温度的降低，其冲击功明显降低，并且断面脆性面积随之增大，可知温度是影响其脆性的因素之一。

另外，3 种材料中，T8、Q235、纯铁脆性依次降低，T8 钢表现出完全的脆性，Q235 有不太明显的韧脆转变，而纯铁有明显的韧脆转变，所以可知只有中、低碳钢有明显的韧脆转变现象。因此得出结论，含碳量是影响致脆性的一个重要因素，随着含碳量的增加，脆性越加明显。

实验十三 梁纯弯曲正应力和薄壁圆管弯扭组合变形的电测应力分析实验

一、实验目的

（1）初步掌握电测方法和多点测量技术。
（2）测定梁在纯弯曲下的弯曲正应力及其分布规律。
（3）测定圆管在弯扭组合变形下的弯矩和扭矩。

二、实验内容

（1）测定低碳钢梁纯弯曲正应力的分布情况，验证弯曲正应力公式。
（2）掌握静态电阻应变仪的使用方法，掌握应变电测法原理和技术。
（3）运用电桥接法测定弯扭组合变形时的弯矩和扭矩。

三、实验设备及试样

1. 电阻应变片

电阻应变片（简称应变片）有多种形式，常用的是丝绕式（见图 13.1）和箔式（见图 13.2）。丝绕式应变片一般采用直径为 $\phi 0.02 \sim 0.05$ mm 的镍铬或镍铜（也称康铜）合金丝绕成栅式，用胶水贴在两层绝缘的薄纸或塑料片（基底）中。在丝栅的两端焊接直径为 $\phi 0.15 \sim 0.18$ mm 镀锡的铜线（引出线），用来连接测量导线。箔式应变片一般用厚度为 $0.003 \sim 0.01$ mm 的康铜或镍铬等箔材，经过化学腐蚀等工序制成电阻箔栅，然后焊接引出线，涂以覆盖胶层。目前，由于腐蚀技术的发展，能精确地保证箔栅的尺寸，因此同一批号箔式应变片的性能比较稳定可靠。

为了测量构件上某点沿某一方向的应变，在构件未受力前，将应变片用特制的胶水贴在测点处，使应变片的长度 l 沿着指定的方向。构件受力变形后，粘贴在构件上的应变片随测点处的材料一起变形，应变片的原电阻 R 改变为 $R+\Delta R$（若为拉应变，电阻丝长度伸长，横截面面积减小，电阻增加）。由实验得知：单位电阻改变量 $\Delta R / R$ 与应变 ε 成正比，即

$$\frac{\Delta R}{R} = k\varepsilon \tag{13-1}$$

式中，k 为应变片的灵敏系数，它和电阻丝的材料及丝的绕制形式有关。k 值在应变片出厂时由厂方标明，一般 k 值约为 2。

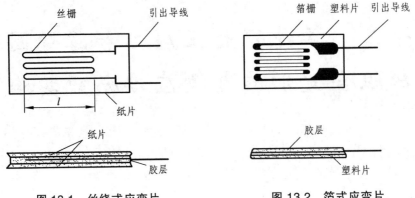

图 13.1　丝绕式应变片　　　　　图 13.2　箔式应变片

普通电阻应变片丝栅的长度，即标距在 1 ~ 10 mm，应变变化不大的地方用大标距应变片，反之用小标距应变片。目前，应变片的最小标距可达 0.2 mm。应变片的原始电阻在 50 ~ 200 Ω，一般应变片 R 为 120 Ω。

2. 应变电桥

电阻应变片因随构件变形而发生的电阻变化为 ΔR，通常用四臂电桥（惠斯顿电桥）来测量。现以图 13.3 中的直流电桥来说明，图中 4 个桥臂 AB、BC、CD 和 DA 的电阻分别为 R_1、R_2、R_3 和 R_4。在对角节点 A、C 上接电压为 E_1 的直流电源，另一对角节点 B、D 为电桥输出端，输出端电压为 U_{BD}，且

$$U_{BD} = U_{AB} - U_{AD} = I_1 R_1 - I_4 R_4 \tag{13-2}$$

由欧姆定理知

$$E_1 = I_1(R_1 + R_2) = I_4(R_4 + R_3)$$

故有

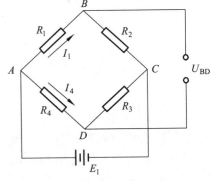

图 13.3　直流电桥

$$I_1 = \frac{E_1}{R_1 + R_2} , \quad I_4 = \frac{E_1}{R_4 + R_3}$$

代入式（13-2）经整理后得

$$U_{BD} = E_1 \frac{R_1 R_3 - R_2 R_4}{(R_1 + R_2)(R_3 + R_4)} \tag{13-3}$$

当电桥平衡时，$U_{BD} = 0$。由式（13-3）得电桥的平衡条件为

$$R_1 R_3 = R_2 R_4 \tag{13-4}$$

设电桥 4 个桥臂的电阻改变量分别为 ΔR_1、ΔR_2、ΔR_3 和 ΔR_4，由式（13-3）得电桥输出端电压为

$$U_{BD} + \Delta U_{BD} = E_1 \frac{(R_1 + \Delta R_1)(R_3 + \Delta R_3) - (R_2 + \Delta R_2)(R_4 + \Delta R_4)}{(R_1 + \Delta R_1 + R_2 + \Delta R_2)(R_3 + \Delta R_3 + R_4 + \Delta R_4)} \qquad （13\text{-}5）$$

在电测法中，若电桥的 4 个臂 $R_1 \sim R_4$ 均为粘贴在构件上的电阻应变片，构件受力后，电阻应变片的电阻变化 ΔR_i（$i = 1$、2、3、4）与 R_i 相比，一般是非常小的。因而式（13-5）中 ΔR_i 的高次项可以省略，在分母中 ΔR_i 相对于 R_i 也可以省略。于是

$$U_{BD} + \Delta U_{BD} = E_1 \frac{R_1 R_3 + R_1 \Delta R_3 + R_3 \Delta R_1 - (R_2 R_4 + R_2 \Delta R_4 + R_4 \Delta R_2)}{(R_1 + R_2)(R_3 + R_4)} \qquad （13\text{-}6）$$

由式（13-6）减去式（13-3），得

$$\Delta U_{BD} = E_1 \frac{R_1 \Delta R_3 + R_3 \Delta R_1 - R_2 \Delta R_4 - R_4 \Delta R_2}{(R_1 + R_2)(R_3 + R_4)} \qquad （13\text{-}7）$$

这就是因电桥臂电阻变化而引起的电桥输出端的电压变化。如电桥的 4 个臂为相同的 4 枚电阻应变片，其初始电阻都相等，即 $R_1 = R_2 = R_3 = R_4 = R$，则式（13-7）化为

$$\Delta U_{BD} = \frac{E_1}{4} \left(\frac{\Delta R_1}{R} - \frac{\Delta R_2}{R} + \frac{\Delta R_3}{R} - \frac{\Delta R_4}{R} \right) \qquad （13\text{-}8）$$

根据式（13-1），式（13-8）可写成

$$\Delta U_{BD} = \frac{E_1 k}{4} (\varepsilon_1 - \varepsilon_2 + \varepsilon_3 - \varepsilon_4) \qquad （13\text{-}9）$$

式（13-9）表明，由应变片感受到的 $(\varepsilon_1 - \varepsilon_2 + \varepsilon_3 - \varepsilon_4)$，通过电桥可以线性地转变为电压的变化 ΔU_{BD}。只要对 ΔU_{BD} 进行标定，就可用仪表指示出所测定的 $(\varepsilon_1 - \varepsilon_2 + \varepsilon_3 - \varepsilon_4)$。式（13-8）和式（13-9）还表明，相邻桥臂的电阻变化率（或应变）相减，相对桥臂的电阻变化率（或应变）相加。在电测应力分析中合理地利用这一性质，将有利于提高测量灵敏度并降低测量误差。公式是在桥臂电阻改变很小，即小应变条件下得出的，在弹性变形范围内，其误差低于 0.5%，可见有足够的精度。

上述 4 个桥臂皆为电阻应变片的情况，称为全桥测量电路。有时电桥 4 个臂中只有 R_1 和 R_2 为粘贴于构件上的电阻应变片，其余两臂则为电阻应变仪内部的标准电阻，这种情况称为半桥测量电路。设电阻应变片的初始电阻为 $R_1 = R_2 = R$，构件受力后，其各自的电阻变化为 ΔR_1 和 ΔR_2；至于电阻应变仪内部的标准电阻则为 $R_3 = R_4 = R'$，且 $\Delta R_3 = \Delta R_4 = 0$。这里可以认为 R' 与 R 不相等。仿照导出公式（13-8）和（13-9）的相同步骤，可以得出

$$\Delta U_{BD} = \frac{E_1}{4} \left(\frac{\Delta R_1}{R} - \frac{\Delta R_2}{R} \right) = \frac{E_1 k}{4} (\varepsilon_1 - \varepsilon_2) \qquad （13\text{-}10）$$

与式（13-8）、式（13-9）比较，半桥测量电路可以看作是全桥测量电路中 $\Delta R_3 = \Delta R_4 = 0$（即 $\varepsilon_3 = \varepsilon_4 = 0$）的特殊情况。

3. 数字电阻应变仪及其使用方法

（1）数字电阻应变仪。

数字电阻应变仪是把测量电桥因构件变形而产生的电信号进行放大处理。图 13.4 为其原理方框图，电压变换器供给测量电桥稳定的直流电压，测量电桥产生的微弱电压信号，即式（13-9）中的 ΔU_{BD}，通过放大器放大和有源滤波器滤波，变为放大的模拟电压信号，经 A/D 转换器，最后将电压 ΔU_{BD} 转换为数字量。由式（13-9）知，ΔU_{BD} 应与 $(\varepsilon_1 - \varepsilon_2 + \varepsilon_3 - \varepsilon_4)$ 成正比，经过标定（标定环节在仪器出厂前已由厂方完成），再将电压量转变成应变。这样，应变仪数字显示表头显示的数字即为 $(\varepsilon_1 - \varepsilon_2 + \varepsilon_3 - \varepsilon_4)$ 的值。数字应变仪也有多种型号，图 13.5(a)、（b）是 YJ-31 型应变仪的后面板图和上面板图，它可以进行 10 个测点的应变测量。

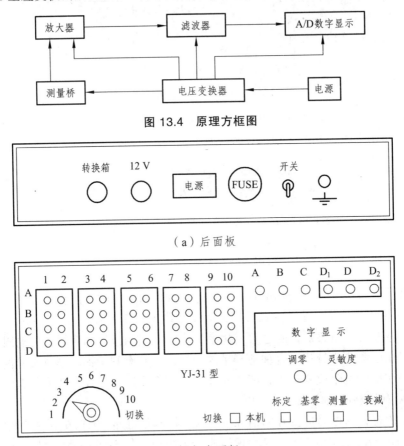

图 13.4　原理方框图

（a）后面板

YJ-31 型

（b）上面板

图 13.5　YJ-31 型应变仪

（2）数字应变仪的使用方法

将仪器的附件标准电阻接到应变仪上面板的 A、B、C 接线柱上，如图 13.5（b）所示，拧紧 3 点连接片，组成全由标准电阻组成的测量电桥。接通电源开关，按下"基零"键，仪表显示"0000"或"－0000"表示仪表内部已调好。按下"测量"键，显示测量值，将测量值调到"0000"或"－0000"。按下"标定"键，仪表显示－10 000 附近的值，表示仪表内部已调好；然后将"本机、切换"开关置于"切换"状态。标定完成后，卸下标准电阻，按全桥或半桥接线法接上应变片，调成平衡状态后即可加载测量。这时数字显示表头显示的数值即为应变，其单位为 $1 \mu \varepsilon = 10^{-6}$，且正值为拉应变，负值为压应变。

如同时进行 10 个以内测点的应变测量，应把各点的待测应变片分别接到应变仪上面板 1～10 的接线柱上。测量前利用选择开关和电阻平衡电位器，对每个测点组成的测量电桥逐点预调平衡。测量时，选择开关指向某一点，应变仪的读数即为该点的应变。

4. 温度补偿

实测时应变片粘贴在构件上，若温度发生变化，因应变片的线膨胀系数与构件的线膨胀系数并不相同，且应变片电阻丝的电阻也随温度变化而改变，所以测得的应变将包含温度变化的影响，不能真实反映构件因受载荷引起的应变。消除温度变化的影响有下述两种补偿方法。

把粘贴在受载构件上的应变片作为 R_1，如图 13.6（a）所示，应变为 $\varepsilon_1 = \varepsilon_{1P} + \varepsilon_T$，其中 ε_{1P} 是因载荷引起的应变，ε_T 是温度变化引起的应变。以相同的应变片粘贴在材料和温度都与构件相同的补偿块上，作为 R_2。补偿片不受力，只有温度应变，且因材料和温度都与构件相同，温度应变也与构件一样，即 $\varepsilon_2 = \varepsilon_T$。以 R_1 和 R_2 组成测量电桥的半桥，电桥的另外两臂 R_3 和 R_4 为应变仪内部的标准电阻，都不感受应变，即 $\varepsilon_3 = \varepsilon_4 = 0$，它们的温度影响相互抵消，故有

$$\varepsilon_r = \varepsilon_1 - \varepsilon_2 + \varepsilon_3 - \varepsilon_4 = \varepsilon_{1P} + \varepsilon_T - \varepsilon_T = \varepsilon_{1P} \qquad (13\text{-}11)$$

可见在读数 ε_r 中已消除了温度的影响。

上述补偿方法是在待测结构外部另用补偿块。如在结构测点附近就有不产生应变的部位，便可把补偿块贴在这样的部位上，与采用补偿块效果是一样的。

在图 13.6（b）中，应变片 R_1 和 R_2 都贴在轴向受拉构件上，且相互垂直，并按半桥接线。两枚应变片的应变分别是：$\varepsilon_1 = \varepsilon_{1P} + \varepsilon_T$，$\varepsilon_2 = \varepsilon_{2P} + \varepsilon_T = -\mu \varepsilon_{1P} + \varepsilon_T$，这里的 μ 为泊松比。则

$$\varepsilon_r = \varepsilon_1 - \varepsilon_2 = (1 + \mu)\varepsilon_{1P}$$

$$\varepsilon_{1P} = \frac{\varepsilon_r}{1 + \mu} \qquad (13\text{-}12)$$

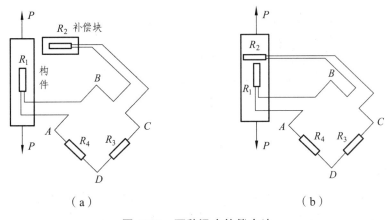

（a） （b）

图 13.6 两种温度补偿方法

这里温度应变也已自动消除，并且使测量灵敏度比单臂测量增加了 $(1+\mu)$ 倍。这种补偿片也参与机械应变的方法，称为工作片补偿法。常用于高速旋转机械或测点附近不宜安置补偿片的情况。应该注意的是，只有当测量片和补偿片的应变关系已知时才能使用。

上述两种温度补偿方法都是半桥接线的实例。

5．实验架

（1）WSG-80 型矩形截面钢梁实验架。

测定弯曲正应力时除了用到数字静态电阻应变仪以外，还要用到 WSG-80 型矩形截面钢梁实验架，如图 13.7 所示。

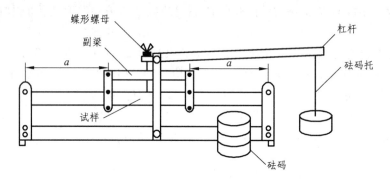

图 13.7　WSG-80 型矩形截面钢梁实验架

（2）小型圆管弯扭组合实验架。

进行弯扭组合变形内力的测定时除了用到数字静态电阻应变仪以外，还要用到小型圆管弯扭组合实验架，如图 13.8 所示。

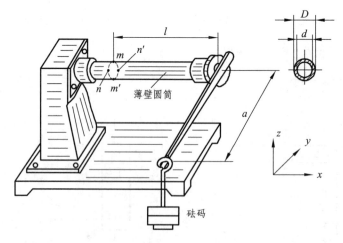

图 13.8　小型圆管弯扭组合实验架

（3）偏心拉伸块。

进行偏心拉伸测试时除了用到数字静态电阻应变仪以外，还要用到偏心拉伸块，如图 13.9 所示。偏心拉伸块需要用配套的夹具夹好，然后到拉伸机上进行拉伸。

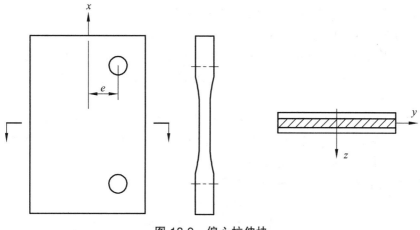

图 13.9　偏心拉伸块

四、实验原理及方法

1. 测定直梁弯曲正应力

（1）实验原理及方法。

实验装置如图 13.7 所示，图 13.10 为矩形截面钢梁的受力图。其中，CD 段为纯弯曲段，其弯矩为 $M = \frac{1}{2}Fa$。根据弯曲理论，梁横截面上各点的正应力增量为

$$\Delta\sigma_{理} = \frac{\Delta My}{I_z} \qquad （13-13）$$

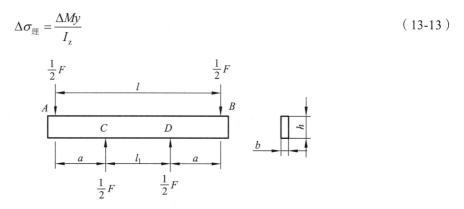

图 13.10　矩形截面钢梁受力图

式中，y 为各测点到中性层的距离；I_z 为横截面对中性轴 z 的惯性矩，对于矩形截面

$$I_z = \frac{1}{12}bh^3$$

由于 CD 段是纯弯曲的，纵向各纤维间不挤压，只产生伸长或缩短，所以各点为单向应力状态。只要测出各点的应变增量 $\Delta\varepsilon$，即可按胡克定律计算出正应力增量 $\Delta\sigma_{实}$。

$$\Delta\sigma_{实} = E\Delta\varepsilon \qquad （13-14）$$

在 CD 段任取一截面，沿不同高度贴 5 片应变片。1 片、5 片距中性轴 z 的距离为 $h/2$，2 片、4 片距中性轴 z 的距离为 $h/4$，3 片就贴在中性轴的位置上。

测出各点的应变后，即可按式（13-14）算出正应力增量 $\Delta\sigma_{\text{实}}$，并画出正应力 $\Delta\sigma_{\text{实}}$ 沿截面高度的分布规律图。从而可与式（13-13）算出的正应力理论值 $\Delta\sigma_{\text{理}}$ 进行比较。

（2）实验步骤及注意事项。

① 在 CD 段的大致中间截面处贴 5 片应变片与轴线平行，各片相距 $h/4$，作为工作片；另在一块与试样相同的材料上贴 1 片应变片，作为温度补偿片，放置在试样被测截面附近。

② 调动蝶形螺母，使杠杆尾端稍翘起一些。

③ 将静态电阻应变仪内部电阻预调平衡。

④ 对粘贴应变片的 5 个点进行应变测量，由于测点较多，应用有多个测点的数字应变仪分批进行。将待测应变片与测量接线柱的 A、B 位置相连。这时可共用一枚补偿片，并把它接在多点测量接线柱的任一 B、C 位置，如图 13.5（b）所示，全部 C 用短路线连接，所有 B 接线柱在仪器内部是连通的。这样，当转换测点时，补偿片始终与待测应变片组成半桥电路。应注意的是，应变仪的 3 点连接片应拧紧在 D_1、D、D_2 上，而 A、B、C 接线柱上不能再接任何电阻或应变片。

完成接线后，利用选择开关逐点预调平衡。加载时，每增加一级 ΔP，转动选择开关逐点读出相应的应变 $\Delta\varepsilon$。

⑤ 加载要均匀缓慢；测量中不允许挪动导线；小心操作，不要因超载压坏钢梁。

2. 弯扭组合变形内力的测定

（1）测定弯矩。

弯扭组合变形实验装置如图 13.8 所示，在圆筒固定端附近的上表面点 m 处粘贴一枚应变片 a，如图 13.11 所示，该点处于平面应力状态，如图 13.12 所示，选定 x 轴。在靠近固定端的下表面点 m'（m' 为直径 mm' 的端点）上，粘贴一枚与 m 点相同的应变片 a'，相对位置已表示于图 13.11 中。圆管虽为弯扭组合，但 m 和 m' 两点沿 x 方向只有因弯曲引起的拉伸和压缩应变，且两者数值相等符号相反。因此，将 m 点的应变片 a 与 m' 点的应变片 a'，按图 13.13（a）半桥接线，得

$$\varepsilon_{\text{r}} = (\varepsilon_{\text{M}} + \varepsilon_{\text{T}}) - (-\varepsilon_{\text{M}} + \varepsilon_{\text{T}}) = 2\varepsilon_{\text{M}}$$

式中，ε_{T} 为温度应变，ε_{M} 即为 m 点因弯曲引起的应变。

因此，求得最大弯曲应力为

$$\sigma = E\varepsilon_{\text{M}} = \frac{E\varepsilon_{\text{r}}}{2}$$

还可由下式计算最大弯曲应力，即

$$\sigma = \frac{M \cdot D}{2I} = \frac{32MD}{\pi(D^4 - d^4)}$$

令以上两式相等，便可求得弯矩为

$$M = \frac{E\pi(D^4 - d^4)}{64D}\varepsilon_\mathrm{r} \qquad\qquad (13\text{-}15)$$

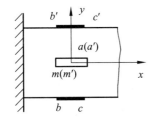 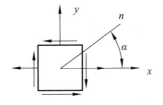

图 13.11　弯扭组合变形圆管的俯视图　　　图 13.12　m 点处应力状态

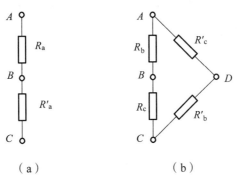

　　　　　　　（a）　　　　　　　　　　　　　（b）

图 13.13　接线方法

（2）测定扭矩。

　　如图 13.14 所示，在圆筒固定端附近的前方表面点 n 处粘贴一枚应变花，它的两个应变片分别为 b 和 c，该点处于纯剪切状态，如图 13.15 所示。在靠近固定端的后表面点 n'（n' 为直径 nn' 的端点）上，粘贴一枚与 n 点相同的应变花，它的两个应变片分别为 b' 和 c'。当圆管受纯扭转时，n 点的应变片 b 和 c 以及 n' 点的应变片 b' 和 c' 都沿主应力方向。又因主应力 σ_1 和 σ_2 数值相等符号相反，故 4 枚应变片的应变的绝对值相同，且 ε_b 与 $\varepsilon_{b'}$ 同号，与 ε_c、$\varepsilon_{c'}$ 异号。如按图 13.13（b）全桥接线，则

$$\varepsilon_\mathrm{r} = \varepsilon_b - \varepsilon_c + \varepsilon_{b'} - \varepsilon_{c'} = \varepsilon_\mathrm{T} - (-\varepsilon_\mathrm{T}) + \varepsilon_\mathrm{T} - (-\varepsilon_\mathrm{T}) = 4\varepsilon_\mathrm{T} \qquad (13\text{-}16)$$

$$\varepsilon_\mathrm{T} = \frac{\varepsilon_\mathrm{r}}{4}$$

这里，ε_T 即扭转时的主应变，代入胡克定律公式得

$$\sigma_1 = \frac{E}{4(1+\mu)}\varepsilon_\mathrm{r}$$

还因扭转时主应力 σ_T 与切应力 τ 相等，故有

$$\sigma_1 = \tau = \frac{TD}{2I_\mathrm{P}} = \frac{16TD}{\pi(D^4 - d^4)}$$

由以上两式可得扭矩 T 为

$$T = \frac{E\varepsilon_r}{4(1+\mu)} \cdot \frac{\pi(D^4 - d^4)}{16D} \qquad (13\text{-}17)$$

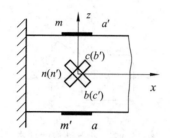

图 13.14　弯扭组合变形圆管的主视图

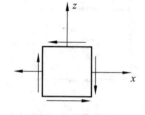

图 13.15　n 点处应力状态

（3）实验步骤及注意事项。

① 取 m 和 m' 两点的应变片 a 和 a'，用相互补偿的半桥接线，如图 13.13（a）所示，测定截面上的弯矩 M。

② 取下应变仪接线柱上的 3 点连接片，以 b、c、b'、c' 4 枚应变片按图 13.13（b）全桥接线，测定扭矩 T。

③ 加载时要轻轻地把砝码放在砝码盘上，切勿重击。加载或卸载时都应小心，以免砝码跌落伤人。加载后，砝码若有晃动，必须使其稳定后才可进行读数。

④ 弯扭组合装置中，圆管的壁厚很薄。为避免装置受损，应注意不能超载，不能用力扳动圆管的自由端和加力杆。

3. 偏心拉伸测试分析

（1）实验原理及方法。

① 应力计算。

图 13.16 为偏心块的拉伸受力图。偏心块为拉伸和弯曲变形的组合，其弯矩为 $M = Pe$。根据弯曲理论，偏心块上各点的正应力增量为

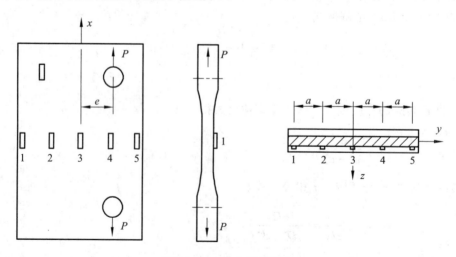

图 13.16　偏心块的拉伸

$$\Delta\sigma_{\text{理}} = \frac{\Delta P}{A} + \frac{\Delta My}{I_z} \qquad (13\text{-}18)$$

式中　y——各测点到中性轴 z 的距离；

　　　I_z——横截面对中性轴 z 的惯性矩，对于矩形截面

$$I_z = \frac{1}{12}bh^3$$

由于偏心块是拉伸和弯曲变形的组合，正应力可直接叠加。纵向各纤维间不产生相互挤压，只产生伸长或缩短，所以各点为单向应力状态。只要测出各点的应变增量 $\Delta\varepsilon$，即可按胡克定律计算出正应力增量 $\Delta\sigma_{\text{实}}$。

$$\Delta\sigma_{\text{实}} = E\Delta\varepsilon \qquad (13\text{-}19)$$

测出各点的应变后，即可按式（13-19）算出正应力增量 $\Delta\sigma_{\text{实}}$，并画出正应力 $\Delta\sigma_{\text{实}}$ 沿截面高度的分布规律图。从而可与式（13-18）算出的正应力理论值 $\Delta\sigma_{\text{理}}$ 进行比较。

② 计算偏心距 e。

对应于载荷 $(P_n - P_0)$，通过合理组成测量电桥，可以直接测出 1、5 两点的弯曲应变 ε_{M}。按胡克定律，相应的弯曲应力为

$$\sigma_{\text{M}} = E\varepsilon_{\text{M}}$$

另外，因载荷偏心引起的弯矩为 $M = (P_n - P_0)e$，由弯曲正应力公式得

$$\sigma_{\text{M}} = \frac{M \cdot y_1}{I_z} = \frac{M \cdot 2a}{I_z} = \frac{(P_n - P_0)ea}{I_z}$$

比较以上两式可得

$$e = \frac{EI_z\varepsilon_{\text{M}}}{2(P_n - P_0)a} \qquad (13\text{-}20)$$

这是通过实验测定的偏心距，即 $e_{\text{测}}$。它与给定的 e 可能存在偏差，试分析出现偏差的原因。

（2）实验步骤及注意事项。

① 在偏心块的大致中间横截面处贴 5 片应变片与 x 轴平行，各片等距 a 分布，作为工作片；另外在偏心块的左上方某一位置贴 1 片应变片（见图 13.16）作为温度补偿片，该点处的应力通过计算为零。

② 将静态电阻应变仪内部电阻预调平衡。

③ 对粘贴应变片的 5 个点进行应变测量，由于测点较多，应用有多个测点的数字应变仪分批进行。将待测应变片与测量接线柱的 A、B 位置相连。这时可共用一枚补偿片，并把它接在多点测量接线柱的任一 B、C 位置，如图 13.6 所示，全部 C 用短路线连接，所有 B 接线柱在仪器内部是连通的。这样，当转换测点时，补偿片始终与待测应变片组成半桥电路。应注意的是，应变仪的 3 点连接片应拧紧在 D_1、D、D_2 上，而 A、B、C 接线柱上不能再接任何电阻或应变片。

完成接线后，利用选择开关逐点预调平衡。加载时，每增加一级 ΔP，转动选择开关逐点读出相应的应变 $\Delta \varepsilon$。

⑤ 加载要均匀缓慢；测量中不允许挪动导线；小心操作，不要因超载拉坏偏心块。

五、实验报告内容

（1）试验仪器名称和型号、灵敏系数以及应变片灵敏系数。

（2）测定直梁弯曲正应力报告参考表格，如表 13.1 ~ 13.3 所示。

① 试件梁的数据及测点位置。

表 13.1 试件梁的数据及测点位置

物理量	几何量	测点位置		
		布片图	测点号	坐标/mm
材料： 弹性模量： $E =$ _____ MPa	梁宽 $b =$ mm； 梁高 $h =$ mm； 距离 $a =$ mm； 跨度 $L =$ mm； 惯性矩 $I_z =$ mm^4		1	$y_1 =$
			2	$y_2 =$
			3	$y_3 =$
			4	$y_4 =$
			5	$y_5 =$

② 应变实测记录。

表 13.2 应变实测记录

测点	1		2		3		4		5	
应变 载荷	$\varepsilon_1 / \mu\varepsilon$	读数差 $\Delta \varepsilon_1$	$\varepsilon_2 / \mu\varepsilon$	读数差 $\Delta \varepsilon_2$	$\varepsilon_3 / \mu\varepsilon$	读数差 $\Delta \varepsilon_3$	$\varepsilon_4 / \mu\varepsilon$	读数差 $\Delta \varepsilon_4$	$\varepsilon_5 / \mu\varepsilon$	读数差 $\Delta \varepsilon_5$
$P_0 =$										
$P_1 =$										
$P_2 =$										
$P_3 =$										
$P_4 =$										
$P_5 =$										
增量 $\Delta P =$	读数差平均值 $\overline{\Delta \varepsilon_1} =$		读数差平均值 $\overline{\Delta \varepsilon_2} =$		读数差平均值 $\overline{\Delta \varepsilon_3} =$		读数差平均值 $\overline{\Delta \varepsilon_4} =$		读数差平均值 $\overline{\Delta \varepsilon_5} =$	

③ 实验值与理论值的误差。

表 13.3　实验值与理论值的误差

测量点	1	2	3	4	5
到中性轴距离/mm					
理论应力值 $\Delta\sigma_{理}=\dfrac{\Delta My_i}{I_z}$					
实测应力值 $\Delta\sigma_{实}=E(\overline{\Delta\varepsilon_i})$					
相对误差 $(\Delta\sigma_{理}-\Delta\sigma_{实})/\Delta\sigma_{理}\times100\%$					

（3）弯扭组合变形内力的测定的参考表格，如表 13.4～13.6 所示。

① 试件梁的原始数据记录。

表 13.4　试件梁的原始数据

试件材料		加力杆长度 a/mm	
弹性模量 E/MPa		试件外径 D/mm	
泊松比 μ		试件内径 d/mm	
试件计算长度 l/mm			

② 数据记录。

表 13.5　数据记录

顺序	载荷/N	弯矩产生的应变 /με		扭矩产生的主应变 /με	
		读数	差值	读数	差值
1	0				
	50				
	100				
2	0				
	50				
	100				
3	0				
	50				
	100				
3 次试验差值的平均值 $\overline{\Delta\varepsilon_{du}}$					

③ 数据处理。

桥臂系数 $\alpha = \underline{\hspace{2cm}}$，应变仪灵敏系数 $k_{仪} = \underline{\hspace{2cm}}$，应变片灵敏系数 $k_{片} = \underline{\hspace{2cm}}$，则弯矩和扭矩产生的应变为 $\varepsilon = \dfrac{1}{\alpha} \cdot \dfrac{k_{仪}}{k_{片}} \overline{\Delta\varepsilon_{du}} \times 10^{-6}$。

表 13.6　数据处理

实验值			内力理论值	相对误差
$\varepsilon_M = \underline{\hspace{1cm}} \times 10^{-6}$	$\sigma = \underline{\hspace{1cm}}$MPa	$M = \underline{\hspace{1cm}}$N·m	$M = \underline{\hspace{1cm}}$N·m	$\dfrac{M_{理} - M_{实}}{M_{理}} =$
$\varepsilon_T = \underline{\hspace{1cm}} \times 10^{-6}$	$\tau = \underline{\hspace{1cm}}$MPa	$T = \underline{\hspace{1cm}}$N·m	$T = \underline{\hspace{1cm}}$N·m	$\dfrac{T_{理} - T_{实}}{T_{理}} =$

（4）偏心拉伸测试的参考表格，如表 13.7 ~ 13.8 所示。

① 偏心拉伸块的数据及测点位置。

表 13.7　偏心拉伸块的数据及测点位置

数　据	测点位置		
材料：_____ ; 弹性模量 $E = \underline{\hspace{1cm}}$MPa; 横截面长 $h = \underline{\hspace{1cm}}$ mm; 横截面宽 $b = \underline{\hspace{1cm}}$ mm; 偏心距 $e = \underline{\hspace{1cm}}$ mm; 惯性矩 $I_z = \underline{\hspace{1cm}}$ mm^4;	布片图	测点号	坐标/mm
		1	$y_1 =$
		2	$y_2 =$
		3	$y_3 =$
		4	$y_4 =$
		5	$y_5 =$

② 应变实测记录。

表 13.8　应变实测

测点	1		2		3		4		5	
应变 载荷	$\varepsilon_1 / \mu\varepsilon$	读数差 $\Delta\varepsilon_1$	$\varepsilon_2 / \mu\varepsilon$	读数差 $\Delta\varepsilon_2$	$\varepsilon_3 / \mu\varepsilon$	读数差 $\Delta\varepsilon_3$	$\varepsilon_4 / \mu\varepsilon$	读数差 $\Delta\varepsilon_4$	$\varepsilon_5 / \mu\varepsilon$	读数差 $\Delta\varepsilon_5$
$P_0 =$										
$P_1 =$										
$P_2 =$										
$P_3 =$										
$P_4 =$										
$P_5 =$										
增量 $\Delta P =$	读数差平均值 $\overline{\Delta\varepsilon_1} =$		读数差平均值 $\overline{\Delta\varepsilon_2} =$		读数差平均值 $\overline{\Delta\varepsilon_3} =$		读数差平均值 $\overline{\Delta\varepsilon_4} =$		读数差平均值 $\overline{\Delta\varepsilon_5} =$	

测出各点的应变 $\overline{\Delta\varepsilon_i}$ 后，算出正应力增量 $\Delta\sigma_{\mathrm{实}}$，并画出正应力 $\Delta\sigma_{\mathrm{实}}$ 沿截面高度的分布规律图。以与按叠加原理 $\Delta\sigma_{\mathrm{理}} = \dfrac{\Delta P}{A} + \dfrac{\Delta M y_i}{I_z}$ 得出的斜直线进行比较。

通过合理组成测量电桥，测出 1、5 两点的弯曲应变。计算出由实验测定的偏心距 $e_{\mathrm{测}}$。将它与给定的 e 进行比较，找出存在的偏差，并分析出现偏差的原因。

六、思考题

（1）胡克定律 $\sigma = E\varepsilon$ 是在拉伸的情况下建立的，这里在计算梁的弯曲实测应力和偏心块的组合正应力时为什么仍然可用？

（2）根据实验情况分析梁在纯弯曲时正应力在横截面上的分布规律和偏心拉伸块的正应力在横截面上的分布规律。

（3）测弯扭组合变形的内力弯矩时，用两枚纵向片组成相互补偿电路，也可只用一枚纵向片和外补偿电路，两种方法何种较好，为什么？

第四部分

工程材料及成型技术课程实验

实验十四 材料硬度测试实验

一、实验目的

（1）了解硬度测定的基本原理及应用范围。

（2）了解布氏、洛氏硬度试验机的主要结构及操作方法。

（3）通过数据处理和硬度标尺之间的换算，比较各材料之间的硬度大小，同时了解材料的种类、热处理状态对其硬度的影响。

（4）该实验项目的特色在于它的综合性和应用性。培养学生利用已学过的材料力学性能方面的基础知识，对给定材料选择合适的硬度测定方法进行材料的硬度测定。

（5）通过数据处理和硬度标尺之间的换算，比较各材料之间的硬度大小，同时了解材料的种类、热处理状态对其硬度的影响。加强学生对硬度指标的理解和应用，初步建立材料的成分、热处理状态、硬度测定方法的选择之间的关系，以加强对学生实际应用能力的培养。

二、实验原理

硬度测量能够给出金属材料软硬程度的数量概念。由于在金属表面以下不同深处材料所承受的应力和所发生的变形程度不同。因而硬度值可以综合反应压痕附近局部体积内金属的弹性、微量塑变抗力、塑变强化能力以及大量变形抗力。硬度值越高，表明金属抵抗塑性变形能力越大，材料产生塑性变形就越困难。另外，硬度与其他机械性能（如强度指标及塑性指标）之间有一定的内在联系，所以从某种意义上说，硬度的大小对于机械零件或工具的使用性能及寿命具有决定性意义。

布氏硬度试验是将一直径为 D 的淬火钢球或硬质合金球，在规定的试验力 F 作用下压入被测金属表面，保持一定时间 t 后卸除试验力，并测量出试样表面的压痕直径 d，根据所选择的试验力 F、球体直径 D 及所测得的压痕直径 d 的数值，求出被测金属的布氏硬度值 HBS 或 HBW，布氏硬度的测试原理如图 14.1 所示。在实验测量时，可由测出的压痕直径 d 直接查压痕直径与布氏硬度对照表而得到所测的布氏硬度值。在进行布氏硬度试验时，球体直径 D、施加的试验力 F 和试验力的保持时间 t 都应根据被测金属的种类、硬度范围和试样的厚度范围进行选择。布氏硬度试验规范如表 14.1 所示。布氏硬度试验测出的硬度值比较准确，但它不宜测定成品件或薄片金属的硬度。同时，也不能测定硬度高于 450 HBS 或 650 HBW 的金属材料，否则压头（淬火钢球或硬质合金球）会产生塑性变形或破裂，而降低测量的精度。

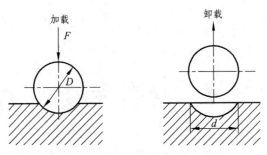

图 14.1 布氏硬度的测试原理图

表 14.1 布氏硬度试验规范

金属类型	布氏硬度值范围 /HBS	试样厚度 /mm	载荷 F 与钢球直径 D 的相互关系	钢球直径 D /mm	载荷 F /N	载荷保持时间 t/s
黑色金属	140~450	·6~3	$F = 30D^2$	10	30 000	10
		4~2		5	7 500	
		<2		2.5	1 875	
	<140	>6	$F = 10D^2$	10	10 000	10
		6~3		5	2 500	
		3<		2.5	625	
有色金属	>130	6~3	$F = 30D^2$	10	30 000	30
		4~2		5	7 500	
		<2		2.5	1 875	
	36~130	9~6	$F = 10D^2$	10	10 000	30
		6~3		5	2 500	
		3		2.5	625	
	8~35	>6	$F = 2.5D^2$	10	2 500	60
		6~3		5	625	
		3		2.5	156	

洛氏硬度试验是以锥角为 120° 的金刚石圆锥体或者直径为 1.588 mm 的淬火钢球为压头，在规定的初载荷和主载荷作用下压入被测金属的表面，然后卸除主载荷。在保留初载荷的情况下，测出由主载荷所引起的残余压入深度 h 值，如图 14.2 所示。再由 h 值确定洛氏硬度值 HR 的大小，其计算公式如下：

$$HR = K - \frac{h}{0.002} \qquad (14-1)$$

式中，h 的单位为 mm。K 为常数，当采用金刚石圆锥压头时，$K = 100$；当采用淬火钢球压头时，$K = 130$。为了能用同一硬度计测定从极软到极硬材料的硬度，可以通过采用不同的压头和载荷，组成 15 种不同的洛氏硬度标尺，其中最常用的有 HRA、HRB、HRC 3 种。其试验规范如表 14.2 所示。

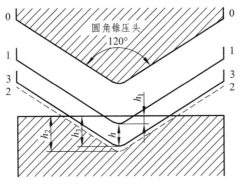

图 14.2　洛氏硬度实验原理示意图

表 14.2　3 种常用洛氏硬度的试验规范

符号	压头类型	载荷/N	硬度值有效范围	使用范围
HRA	120° 金刚石圆锥体	600	70～85	适用于测量硬质合金、表面淬火层或渗碳层
HRB	直径为 1.588 mm 的淬火钢球	1 000	25～100	适用于测量有色金属、退火钢、正火钢等
HRC	120° 金刚石圆锥体	1 500	20～67	适用于测量调质钢、淬火钢等

三、实验设备及材料

1. HB-3000 型布氏硬度试验机

HB-3000 型布氏硬度计的结构如图 14.3 所示。试验时将试样放在工作台 6 上，按顺时针方向转动手轮 9，使工作台上升至试样与压头 5 相接触，并在手轮打滑后，开动电动机 12，经二级蜗轮蜗杆减速器 13 减速后，驱动轴柄 15 沿逆时针方向转动，此时压头即可以由砝码 18 通过大杠杆 19、小杠杆 1 及压轴 3 的作用，以一定大小的载荷压入试样。停留一定时间后，电动机自动反转，曲柄连杆带动摇杆上升而卸除载荷。在关闭电动机后，反时针方向转动手轮，使工作台下降并取下试样。最后用读数显微镜测出压痕直径 d 值，根据 d 值的大小查表即可求得布氏硬度值。

2. JC-10 型读数显微镜

（1）JC-10 型读数显微镜的组成与结构。

JC-10 型读数显微镜的结构如图 14.4 所示。读数显微镜由测微目镜组、物镜筒、长镜筒、镜筒底座所组成。长镜筒靠镜筒锁紧螺丝与镜筒套合座连接。在测微目镜组中，在目镜的焦面上固定不动地装着刻有从 0～6 mm 标尺的上分划板，一格的分划值为 1 mm。上分划板的刻线面朝下，就在这个下平面上，在允许的间隙内，装着第二块玻璃下分划板，在其朝向

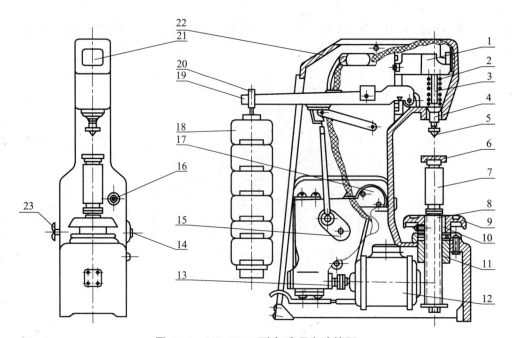

图 14.3　HB-3000 型布氏硬度计简图

1—小杠杆；2—弹簧；3—压轴；4—主轴衬套；5—压头；6—工作台；7—工作台立柱；8—螺杆；9—升降手轮；
10—螺母；11—套筒；12—电机；13—减速器；14—压紧螺钉；15—轴柄；16—按钮开关；17—换向开关；
18—砝码；19—大杠杆；20—吊环；21—加荷指示灯；22—机体；23—电源开关

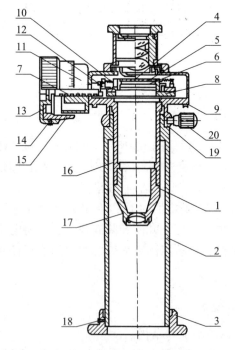

图 14.4　JC-10 型读数显微镜的结构

1—物镜筒；2—长镜筒；3—镜筒底座；4—上分划板；5—下分划板；6—下分划板座；7—测微丝杆；8—滑板；
9—滑板槽；10—拉力弹簧；11—读数指示套；12—开口螺帽；13—旋轮套；14—读数套止紧螺丝；
15—读数套；16—物镜管；17—物镜座；18—镜筒底座止紧螺丝；
19—镜筒套合座；20—镜筒锁紧螺丝

目镜的上平面上刻有互为直角的两根长丝。下分划板坚实地与下分划板座连接，下分划板座可以沿读数鼓轮的测微丝杆的轴心移动。下分划板的移动平滑性由精致的滑板、滑板槽、拉力弹簧、测微丝杆与固定的读数指示套内的开口螺帽的良好配合来保证。当以顺时针方向旋转读数鼓轮时，测微丝杆使下分划板座带动下分划板向前移动；当以逆时针方向旋动读数鼓轮时，拉力弹簧则向后拉回下分划板座和下分划板。

读数鼓轮的测微丝杆的螺距为 1 mm，而不动的上分划板的分划值也等于 1 mm，所以读数鼓轮转动一周，下分划板上的长线就相对上分划板移动一格。这样根据不动的上分划板便可以读出读数鼓轮的整转来。读数鼓轮分成 100 个格，而测微丝杆的螺距等于 1 mm，因而，读数鼓轮转动一格便为 0.01 mm，全部读数等于上分划板上的读数加上读数鼓轮上的读数。

（2）JC-10 型读数显微镜的使用方法。

将仪器置于被测物体上，使被测物件的被测部分用自然光或用灯光照明，然后调节目镜螺旋，使视场中同时看清分划板和物体像。进行测量时，先旋动读数鼓轮，使刻有长丝的玻璃分划板移动，同时稍微转动读数显微镜，使竖直长丝与被测圆孔压痕的一边相切，得到一个读数，然后再旋动读数鼓轮，使竖直长丝与被测圆孔压痕的另一边相切，又得到一个读数，二者之差即为被测圆孔压痕的直径。

3. HRS-150 型数显洛氏硬度计

本硬度计由主机及微型打印机两大部分组成，如图 14.5 所示，主机由机身、主轴部件、负荷杠杆部件、加卸荷机构、变荷机构、试台升降装置及以单片机为核心的电气控制系统等组成。主机与微型打印机由一根灰缆线连接。

主机结构功能简图中机身 2 为一封闭的壳体。除试台、升降装置和变荷机构外，其他部件均置于壳体内，因此外形美观，便于保持清洁。

主轴部件由负荷轴 34、压头轴 40、小杠杆 39、初负荷弹簧 33、位移传感器 37 等组成。98.07 N 的初试验力是由压头轴等零件的自重及位移传感器通过小杠杆对压头的作用力加上初负荷弹簧的变形力等构成。其中，以初负荷弹簧的作用力为主。主试验力则由吊杆 16 上的砝码 19、20、21 通过大杠杆 31、负荷螺杆 35 等组成并施加到压头上。压痕深度的测量由小杠杆 39、位移传感器 37 及机身中的计数电路来实现。

加卸荷机构由偏心轮 15、推动轴 14、加卸荷电机 30 等组成。加荷时由电机带动偏心轮转动，促使推动轴、大杠杆缓慢下降，主试验力就逐渐施加到压头上。卸荷时电机带动偏心轮继续转动，将推动轴、大杠杆顶起，使之回到初始位置，主试验力就被卸除。

变荷机构由变荷手柄 22、托叉 18 等组成。通过转动变荷手柄，使托叉托住相应的砝码销 17，从而达到变荷的目的。

试台升降装置由小平试台 8、丝杠 7、升降手轮 4、电磁制动器 3 等组成。试验时，转动升降手轮，通过丝杠带动试台及试样达到上升或下降的目的。

主机的前面板上设有 2 个按键，1 个键盘和 2 个显示窗口，用来实现预置、标尺转换、复位等功能，面板上的四位数码管用于显示预置输入情况及硬度试验时的工作状态，面板上的五位数码管用于显示洛氏硬度值，打印机用于打印有关的预置信息、硬度值及数据处理结果。

在主机侧面板上设有 4 个按键和 1 个接口，包括电源、打印、自动半自动转换、手动加荷和一个外接打印机接口，用来实现测力、打印等有关功能。

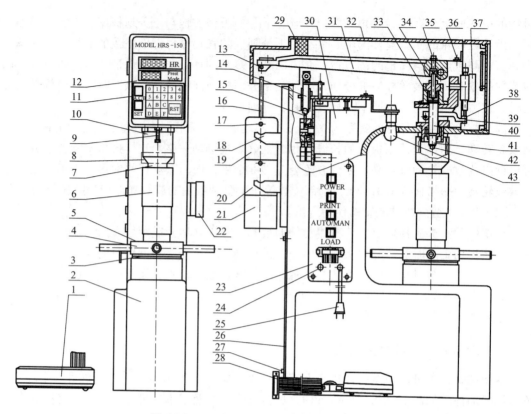

图 14.5　HRS-150 型数显硬度计结构简图

1—打印机；2—机身；3—电磁制动器；4—升降手轮；5—油杯；6—丝杠保护套；7—丝杠；8—小平试台；
9—螺钉；10—丝杠垫块；11—前盖；12—薄膜面板；13—吊轴；14—推动轴；15—偏心轮；16—吊杆；
17—砝码销；18—托叉；19，20，21—砝码；22—变荷手柄；23—侧面板；24—保险丝盒；
25—电源插头盖；26—后盖；27—接地螺钉；28—打印机插头座；29—杠杆垫块；
30—加卸荷电机；31—大杠杆；32—上盖；33—初负荷弹簧；34—负荷轴；
35—负荷螺杆；36—螺钉；37—位移传感器；38—垫片；39—小杠杆；
40—压头轴；41—防松销；42—压头；43—指示灯

7 个按键的功能：

POWER 键——电源开关键。按下为开，同时灯泡点亮；抬起为关，同时灯泡熄灭。

PRINT 键——打印机开关键。按下为开，同时灯泡点亮；抬起为关，同时灯泡熄灭。当它被按下时打印机上的红色指示灯亮。

SET 键——预置键。按下此键再按复位键电气系统进入预置状态；抬起时电气系统进入工作状态，可进行硬度试验及测力等。

AUTO/MAN 键——"自动/手动"选择键。抬起时为"自动"，用于硬度试验；按下时为"手动"，用于试验力的测定（详见后述）。

LOAD 键——手动加荷键。它与"手动"功能键配合使用，用于测力。当硬度计处于"手动"状态且将压头主轴顶起到规定位置时，按一下该键，硬度计自动完成一次加荷—保荷—卸荷工作。

$\dfrac{A \cdot C}{B}$ 键——硬度标尺选择键。抬起时为 A 或 C 标尺；按下时为 B 标尺。

RST 键——复位键。用于计算机系统的复位,按下它,硬度值显示板显示 100.0,同时电控箱中原来用键盘预置的数据全部清零。

控制键盘的功能:

A 键——① 用于预置试验日期;② 在前面板的显示板上出现"HC—"后可用于预置 A、C 标尺和 B 标尺,此时若按 A 或 C,则为 A 或 C 标尺,若按 B,则为 B 标尺,不按默认 C 标尺。

B 键——① 用于预置零件批号;② 在前面板显示窗上出现"HC—"后也可用于预置 B 标尺。

C 键——① 用于预置每个零件的有效打印点数;② 在前面板的显示窗上出现"HC—"后也可用于预置 C 标尺。

D 键——用于预置试验力保持时间。

E 键——用于预置硬度上限。

F 键——用于预置硬度下限。

0 ~ 9 键——用于预置数字。

4. 试 样

(1)$\phi 20 \times 15$ mm 45 钢和 T12 钢,淬火 + 回火状态;

(2)6.5 mm 厚的铝板和 4 mm 厚的铜板。

四、实验步骤

1. 洛氏硬度测量的具体操作步骤

(1)清理试样表面,使被测表面无油脂、氧化皮、裂纹、凹坑、显著的加工痕迹以及其他外来污物等。

(2)根据被测材料的种类、热处理状态等选择适宜的硬度标尺。

(3)根据试样的形状和大小选择合适的工作台。

(4)在硬度试验前应根据是否使用打印机等,将主机上的 7 个按键设置到需要的状态。工作过程显示窗口显示"OP",表示硬度计已进入硬度试验状态,即可进行硬度试验。

(5)将试样放在工作台上,顺时针转动升降手轮,使试样缓慢地接触压头,使硬度值显示窗口显示的数值由"100.0"逐渐增加,当显示数大于或等于"365.0"时,电磁制动器自动锁紧升降手轮,初试验力即施加完毕。

(6)等待硬度计自动完成加主载、保压、卸主载等测量过程。

(7)读取硬度值后,逆时针转动升降手轮,降下工作台。

(8)移动试件选择新的试验点进行试验,一般情况下每个试样的第 1 点应删除,而且每个试样的有效点数应不小于 3 个,两压痕中心及任一压痕离边缘的距离均不得小于 3 mm,移动试件重复上述操作步骤。进行第 2、3…点的试验。

(9)试验完毕后,关掉电源。

2. 布氏硬度测量的具体操作步骤

（1）清理试样表面，被测表面应是无氧化皮等污物的光洁平面，以便于准确测量压痕直径 d 的值。

（2）根据试验材料类别、硬度范围及试样厚度，按照布氏硬度试验规范选择试验力 F、球体直径 D 和试验力保持时间 t。

（3）将试样平稳地放在工作台上，顺时针转动工作台升降手轮，使试样和球体压头相接触，直到手轮和升降螺母产生相对运动时为止。

（4）打开电源开关，待电源指示灯亮后，再启动按钮开关，当加荷指示灯明亮时，表示试验力开始加上，即开始自动定时，达到预定的试验力保持一定时间后，加荷指示灯熄灭，试验力自动卸除。

（5）关闭电源，反时针方向转动手轮，使工作台下降，取下试样，用读数显微镜测量试样表面的压痕直径 d（在两个相互垂直的方向上各测一次，取其平均值）。

（6）根据压痕直径 d，查布氏硬度表，求得各试样的布氏硬度值。

（7）为了使试样结果精确化，可进行多次测量，并且相邻两压痕的中心距离应不小于压痕直径的 2.5 倍；当布氏硬度小于 35 HBS 时，上述距离应不小于压痕直径的 6 倍和 3 倍；压痕直径 d 的大小应在 $0.25D \sim 0.60D$ 内。

（8）试验完毕后，关掉电源。

五、注意事项

（1）试样两端要平行，表面应平整，若有油污或氧化皮，可用砂纸打磨，以免影响测试。

（2）圆柱形试样应放在带有"V"形槽的工作台上操作，以防试样滚动。

（3）加载时应细心操作，以免损坏压头。

（4）加预载荷时若发现阻力太大，应停止加载，立即报告，检查原因。

（5）测定硬度值，卸掉载荷后，必须使压头完全离开试样后再取下试样。

（6）金刚钻压头系贵重物件，质硬而脆，使用时要小心谨慎，严禁与试样或其他物件碰撞。

（7）应根据硬度试验机试样范围，按规定合理使用不同的载荷和压头，超过使用范围将不能获得准确的硬度值。

六、实验报告内容

（1）按照仪器的操作规程，测定铜板、铝板的布氏硬度，填于表 14.3 中，并进行相应的数据处理，得出最终结果。

（2）按照仪器的操作规程，测定碳钢的洛氏硬度，填于表 14.4 中，并将硬度换算成布氏硬度，进行对比分析。

（3）简述布氏硬度和洛氏硬度试验原理。

表 14.3　布氏硬度测定数据记录表

试样序号	材料名称	试验规范				实验结果								
		球体直径 D/mm	试验力 F/N	F/D^2	试验力保持时间/s	第一次				第二次				平均硬度值/HBS
						压痕直径 d/mm			平均值/HBS	压痕直径 d/mm			平均值/HBS	
						d_1	d_2	$d_{平均}$		d_1	d_2	$d_{平均}$		

表 14.4　洛氏硬度测定数据记录表

试样序号	材料名称	试验规范			测定结果				换算成布氏硬度值/HBS
		硬度标尺	压头类型	载荷/N	第一次	第二次	第三次	平均值	

实验十五　金相显微镜的使用及金相试样的制备实验

一、实验目的

（1）掌握金相试样制备的基本方法。

（2）掌握金相显微镜的使用方法。

二、实验原理

1. 金相显微镜的构造

光学金相显微镜的构造一般包括放大系统、光路系统和机械系统 3 部分，其中放大系统是显微镜的关键部分。

2. 使用显微镜时应注意的事项

（1）操作者的手必须洗净擦干，并保持环境的清洁、干燥。

（2）用低压钨丝灯泡作光源时，接通电源必须通过变压器，切不可误接在 220 V 电源上。

（3）更换物镜、目镜时要格外小心，严防失手落地。

（4）调节物体和物镜前透镜间的轴向距离（以下简称聚焦）时，必须首先弄清粗调旋钮转向与载物台升降方向的关系。初学者应该先用粗调旋钮将物镜调至尽量靠近物体，但绝不可接触。然后仔细观察视场内的亮度并同时用粗调旋钮缓慢将物镜向远离物体方向调节。待视场内忽然变得明亮甚至出现映像时，换用微调旋钮调至映像最清晰为止。

（5）用油系物镜时，滴油量不宜过多，用完后必须立即用二甲苯洗净、擦干。

（6）待观察的试样必须完全吹干，用氢氟酸浸蚀过的试样吹干时间要长些，因氢氟酸对镜片有严重的腐蚀作用。

3. 金相试样制备

金相试样制备过程一般包括：取样、粗磨、细磨、抛光和浸蚀 5 个步骤。

（1）取样。

从需要检测的金属材料和零件上截取试样称为"取样"。取样的部位和磨面的选择必须根据分析要求而定。截取方法有多种，对于软材料可以用锯、车、刨等方法；对于硬材料可以用砂轮切片机或线切割机等切割方法；对于硬而脆的材料可以用锤击的方法。无论用哪种方法都应注意，尽量避免和减轻因塑性变形或受热引起的组织失真现象。试样的尺寸并无统一规定，从便于握持和磨制角度考虑，一般直径或边长为 15～20 mm，高为 12～18 mm 比较适宜。对于那些尺寸过小、形状不规则和需要保护边缘的试样，可以采取镶嵌或机械夹持的办法。

金相试样的镶嵌，是利用热塑性塑料（如聚氯乙烯）、热凝性塑料（如胶木粉）以及冷凝性塑料（如环氧树脂＋固化剂）作为填料进行的。前两种属于热镶填料，热镶必须在专用设备镶嵌机上进行。第 3 种属于冷镶填料，冷镶方法不需要专用设备，只将适宜尺寸（φ15～20 mm）的钢管、塑料管或纸壳管放在平滑的塑料（或玻璃）板上，试样置于管内待磨面朝下倒入填料，放置一段时间凝固硬化即可。

（2）粗磨。

粗磨的目的主要有以下 3 点：

① 修整。有些试样，如用锤击法敲下来的试样，形状很不规则，必须经过粗磨，修整为规则形状的试样。

② 磨平。无论用什么方法取样，切口往往不十分平滑，为了将观察面磨平，同时去掉切割时产生的变形层，必须进行粗磨。

③ 倒角。在不影响观察目的的前提下，需将试样上的棱角磨掉，以免划破砂纸和抛光织物。

黑色金属材料的粗磨在砂轮机上进行，具体操作方法是将试样牢牢地捏住，用砂轮的侧面磨制。在试样与砂轮接触的一瞬间，尽量使磨面与砂轮面平行，用力不可过大。由于磨削力的作用往往出现试样磨面的上半部分磨削量偏大，故需人为地进行调整，尽量加大试样下半部分的压力，以求整个磨面均匀受力。另外，在磨制过程中，试样必须沿砂轮的径向往复缓慢移动，防止砂轮表面形成凹沟。必须指出的是，磨削过程会使试样表面温度骤然升高，只有不断地将试样浸水冷却，才能防止组织发生变化。

砂轮机转速比较快，一般为 2 850 r/min，工作者不应站在砂轮的正前方，以防被飞出物击伤。操作时严禁戴手套，以免手被卷入砂轮机。

（3）细磨。

粗磨后的试样，磨面上仍有较粗、较深的磨痕，为了消除这些磨痕必须进行细磨。细磨可分为手工磨和机械磨两种。

① 手工磨。

手工磨是将砂纸铺在玻璃板上，左手按住砂纸，右手握住试样在砂纸上作单向推磨。金相砂纸由粗到细分许多种，其规格可参考表 15.1。

表 15.1 常用金相砂纸的规格

金相砂纸编号	01	02	03	04	05	06
粒度序号	M28	M20	M14	M10	M7	M5
砂粒尺寸/μm	28～20	20～14	14～10	10～7	7～5	5～3.5

注：表中为多数厂家所用编号，目前没有统一规格。

用砂轮粗磨后的试样，要依次由 01 号磨至 05 号（或 06 号）。操作时必须注意：

a. 加在试样上的力要均匀，使整个磨面都能磨到。

b. 在同一张砂纸上磨痕方向要一致，并与前一道砂纸磨痕方向垂直。待前一道砂纸磨痕完全消失时才能换用下一道砂纸。

c. 每次更换砂纸时，必须将试样、玻璃板清理干净，以防将粗砂粒带到细砂纸上。

d. 磨制时不可用力过大，否则一方面因磨痕过深增加下一道磨制的困难，另一方面因表面变形严重影响组织的真实性。

e. 砂纸的砂粒变钝，磨削作用明显下降时，不宜继续使用，否则砂粒在金属表面产生的滚压会增加表面变形。

f. 磨制铜、铝及其合金等软材料时，用力要更轻，可同时在砂纸上滴些煤油，以防脱落砂粒嵌入金属表面。

② 机械磨。

目前，普遍使用的机械磨设备是预磨机。电动机带动铺着水砂纸的圆盘转动，磨制时，将试样沿盘的径向来回移动，用力要均匀，边磨边用水冲。水流既起到冷却试样的作用，又可以借助离心力将脱落砂粒、磨屑等不断地冲到转盘边缘。机械磨的磨削速度比手工磨制快得多，但平整度不够好，表面变形层也比较严重。因此，要求较高的试样或材质较软的试样应该采用手工磨制。

（4）抛光。

抛光的目的是去除细磨后遗留在磨面上的细微磨痕，得到光亮无痕的镜面。抛光的方法有机械抛光、电解抛光和化学抛光 3 种，其中最常用的是机械抛光。

机械抛光在抛光机上进行，将抛光织物（粗抛常用帆布、精抛常用毛呢）用水浸湿、铺平、绷紧并固定在抛光盘上。启动开关使抛光盘逆时针转动，将适量的抛光液（氧化铝、氧化铬或氧化铁抛光粉加水的悬浮液）滴洒在盘上即可进行抛光，抛光时应注意：

① 试样沿盘的径向往返缓慢移动，同时逆抛光盘转向自转，待抛光快结束时作短时定位轻抛。

② 在抛光过程中，要经常滴加适量的抛光液或清水，以保持抛光盘的湿度，如发现抛光盘过脏或带有粗大颗粒时，必须将其冲刷干净后再继续使用。

③ 抛光时间应尽量缩短，不可过长，为满足这一要求可分粗抛和精抛两步进行。

④ 抛有色金属（如铜、铝及其合金等）时，最好在抛光盘上涂少许肥皂或滴加适量的肥皂水。

机械抛光与细磨本质上都是借助磨料尖角锐利的刃部，切去试样表面隆起的部分。抛光时，抛光织物纤维带动稀疏分布的极微细的磨料颗粒产生磨削作用，将试样抛光。

目前，人造金刚石研磨膏（最常用的有 W0.5、W1.0、W15、W25、W35 五种规格的溶水性研磨膏）已代替抛光液，正得到日益广泛的应用。用极少的研磨膏均匀涂在抛光织物上进行抛光，抛光速度快，质量也好。

（5）浸蚀。

抛光后的试样在金相显微镜下观察，只能看到光亮的磨面，如果有划痕、水迹或材料中的非金属夹杂物、石墨以及裂纹等也可以看出来，但是要分析金相，组织还必须进行浸蚀。

浸蚀的方法有多种，最常用的是化学浸蚀法，利用浸蚀剂对试样的化学溶解和电化学浸蚀作用将组织显露出来。

纯金属（或单相均匀固溶体）的浸蚀基本上为化学溶解过程。位于晶界处的原子和晶粒内部原子相比，自由能较高，稳定性较差，故易受浸蚀形成凹沟。晶粒内部被浸蚀程度较轻，大体上仍保持原抛光平面。在明场下观察，可以看到一个个晶粒被晶界（黑色网络）隔开。如浸蚀较深，还可以发现各个晶粒明暗程度不同的现象。这是因为每个晶粒原子排列的位向不同，浸蚀后，以最密排面为主的外露面与原抛光面之间的倾斜程度不同。

两相合金的浸蚀与单相合金不同，它主要是一个电化学浸蚀过程，在相同的浸蚀条件下，具有较高负电位的相（微电池阳极）被迅速溶解凹陷下去；具有较高正电位的相（微电池阴极）在正常电化学作用下不被浸蚀，保持原有的光滑平面，结果产生了两相之间的高度差。

以共析碳钢层状珠光体浸蚀为例，层状珠光体是铁素体与渗碳体相间隔的层状组织在浸蚀过程中，因铁素体具有较高的负电位而被溶解，渗碳体因具有较高的正电位而被保护，另外在两相交界处铁素体一侧因被严重浸蚀形成凹沟。这样在显微镜下可以看到渗碳体周围有一黑圈，显示出两相的存在。

多相合金的浸蚀，同样也是一个电化学溶解过程，原理与两相合金相同。但多相合金的组成比较复杂，用一种浸蚀剂来显示多种相是难以做到的，只有采用选择浸蚀法及薄膜浸蚀法等专门方法才行。

化学浸蚀的方法虽然很简单，但是只有认真对待才能制备出高质量的试样。将抛光后的试样用水冲洗，同时用脱脂棉擦净磨面，然后用滤纸吸去磨面上过多的水，吹干后用显微镜检查磨面上是否有道痕、水迹等。同时，证明未经过浸蚀的试样是无法分析组织的。经检查后合格的试样可以放在浸蚀剂中，抛光面朝上，不断观察表面颜色的变化，这是浸蚀法。也可以用沾有浸蚀剂的棉花轻轻擦拭抛光面，观察表面颜色的变化，此为擦蚀法。待试样表面被浸蚀得略显灰暗时即刻取出，用流动水冲洗后在浸蚀面上滴些酒精，再用滤纸吸去过多的水和酒精，迅速用吹风机吹干，完成整个制备试样的过程。

三、实验内容

（1）观察直立式与倒立式两种金相显微镜的构造与光路。
（2）操作显微镜，熟练掌握聚焦方法，了解孔径光阑、视场光阑和滤光片的作用。
（3）熟悉物镜、目镜上的标志并合理选配物镜和目镜。
（4）分别在明场照明和暗场照明下观察同一试样，分析组织特征及成因。
（5）借助物镜测微器确定目镜测微器的格值。
（6）按粗磨→细磨→机械抛光→浸蚀的步骤制备金相试样。
（7）对比观察浸蚀前、浸蚀后试样的金相形貌。

四、实验设备及材料

（1）金相显微镜构造与光路图；
（2）作为教具的可拆显微镜 1~2 台；
（3）练习操作的金相显微镜（至少配备 2 个物镜和 2 个目镜）10~15 台；
（4）备有暗场照明装置的金相显微镜 2~3 台；

（5）配备测微目镜和物镜测微器的金相显微镜 2～3 台；

（6）供观察的金相试样；

（7）待磨试样、砂轮机、金相砂纸及玻璃板、抛光机、抛光液、吹风机、金相显微镜、浸蚀剂、酒精、夹子、脱脂棉、吸水纸。

五、实验步骤

（1）利用挂图、教具讲解金相显微镜的原理、构造、使用与维护。

（2）在具体了解某台显微镜构造和光路的基础上反复练习聚焦，直到熟练掌握。

（3）反复改变孔径光阑、视场光阑的大小，加或不加滤光片，观察同一视场映像的清晰程度。

（4）将同一试样分别放在明场照明和暗场照明显微镜下进行对比观察，并画出所观察的组织图。

（5）借助物镜测微器确定目镜测微器的格值，并按要求对组织进行实地测量。

（6）磨样，领取待磨试样，用砂轮机粗磨，用金相砂纸细磨，进行机械抛光。

（7）浸蚀前观察，对抛光后洗净、吹干的试样进行浸蚀前的检查。

（8）浸蚀，将抛光合格的试样置于浸蚀剂中浸蚀。

（9）观察金相组织，对浸蚀后的试样进行观察，联系化学浸蚀原理对组织形态进行分析。如浸蚀程度过浅，可重新浸蚀；若过深，待重新抛光后才能浸蚀；若变形层严重，反复抛光、浸蚀 1～2 次后，再观察组织清晰度的变化。

六、实验报告内容

（1）绘制金相组织图。

（2）简述制备金相试样的过程。

实验十六　铁碳合金平衡组织的观察与分析实验

一、实验目的

（1）了解金相样品的制备及腐蚀过程。
（2）了解金相显微镜的构造、成像原理，学习金相显微镜的使用方法。
（3）了解铁碳合金在平衡状态下高温到室温的组织转变过程。
（4）分析铁碳合金平衡状态室温下的组织形貌。
（5）加深对铁碳合金的成分、组织和性能之间关系的理解。
（6）画出常用铁碳合金的组织形貌。

二、实验仪器和设备

（1）光学显微镜一台；
（2）金相试样若干。

三、实验简介

现代工业中使用最广泛的钢铁材料都属于铁碳合金的范畴。普通碳钢和铸铁是铁碳合金，合金钢和合金铸铁实际上是加入合金元素的铁碳合金。因此，为了认识铁碳合金的本质，并了解铁碳合金的成分、组织和性能之间的关系，以便在生产中合理地使用，首先必须了解铁碳合金的相图。

1. 相图的分析

图 16.1 是 Fe-Fe$_3$C 相图。相图中各点的温度、含碳量及其含义如表 16.1 所示。
铁碳合金相图主要由包晶、共晶、共析 3 个基本转变所组成，现分别说明如下：
（1）包晶转变发生于 1 495 ℃（水平线 HJB），其反应式为

$$L_{0.53\%C} + \delta_{0.09\%C} \longleftrightarrow A_{0.17\%C}$$

包晶转变是在恒温下进行的，其产物是奥氏体。凡含碳 0.09% ~ 0.53% 的铁碳合金结晶时均将发生包晶转变。

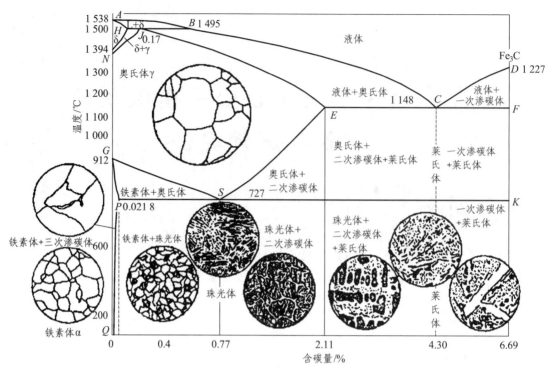

图 16.1　Fe-Fe₃C 相图

表 16.1　Fe-Fe₃C 相图中的特性点

符　号	温度/°C	含碳量/%	说　明
A	1 538	0	纯铁的熔点
B	1 495	0.53	包晶转变时液态合金的成分
C	1 148	4.30	共晶点
D	1 227	6.69	渗碳体的熔点[*]
E	1 148	2.11	碳在 γ-Fe 中的最大溶解度
F	1 148	6.69	渗碳体的成分
G	912	0	α-Fe、γ-Fe 同素异构转变点（A_3）
H	1 495	0.09	碳在 δ-Fe 中的最大溶解度
J	1 495	0.17	包晶点
K	727	6.69	渗碳体的成分
N	1 394	0	γ-Fe、δ-Fe 同素异构转变点（A_4）
P	727	0.021 8	碳在 α-Fe 中的最大溶解度
S	727	0.77	共析点（A_1）
Q	室　温	0.000 8	碳在 α-Fe 中的溶解度

110

（2）共晶转变发生于 1 148 ℃（水平线 ECF），其反应式为

$$L_{4.30\%C} \longleftrightarrow A_{2.11\%C} + Fe_3C$$

共晶转变同样是在恒温下进行的。共晶反应的产物是奥氏体和渗碳体的共晶混合物，称为莱氏体，用字母 Ld 表示。凡含碳量大于 2.11% 的铁碳合金冷却至 1 148 ℃ 时，将发生共晶转变，从而形成莱氏体。

（3）在 727 ℃（水平线 PSK）发生共析转变。其反应式为

$$A_{0.77\%C} \longleftrightarrow F_{0.021\,8\%C} + Fe_3C$$

共析转变也是在恒温下进行的。反应产物是铁素体与渗碳体的共析混合物，称为珠光体，用字母 P 代表。共析温度以 A_1 表示。

凡含碳量大于 0.021 8% 的铁碳合金冷却至 727 ℃ 时，其中的奥氏体必将发生共析转变。此外，在铁碳合金相图中还有 3 条重要的特性线，它们是 ES 线、PQ 线和 GS 线。

ES 线是碳在奥氏体中的固溶线。随着温度的变化，奥氏体的溶碳量将沿着 ES 线变化。含碳量大于 0.77% 的铁碳合金，自 1 148 ℃ 冷却至 727 ℃ 的过程中，必将从奥氏体中析出渗碳体。为区别自液相中析出的渗碳体，通常把从奥氏体中析出的渗碳体称为二次渗碳体（Fe_3C_{II}）。ES 线称为 A_{cm} 线。

PQ 线是碳在铁素体中的固溶线。铁碳合金由 727 ℃ 冷却至室温时，将从铁素体中析出渗碳体。这种渗碳体称为三次渗碳体（Fe_3C_{III}）。对于工业纯铁及低碳钢，由于三次渗碳体沿晶界析出，使其塑性、韧性下降，因而要重视三次渗碳体的存在与分布。在含碳量较高的铁碳合金中，三次渗碳体可忽略不计。

GS 线称为 A_3 线。它是冷却过程中，由奥氏体中析出铁素体的开始线。或者说是在加热时，铁素体完全溶入奥氏体的终了线。

2. 铁碳合金的平衡结晶过程分析

（1）含碳量为 0.01% 的工业纯铁。

该合金在相图上的位置如图 16.2 中的（1）所示。液态合金在 1～2 点温度之间按匀晶转变结晶出单相 δ 固溶体。δ 冷却到 3 点时，δ 开始向单相奥氏体（A）转变。这一转变于 4 点结束，合金全部转变为单相奥氏体。奥氏体冷到 5 点时，开始形成铁素体（F）。冷到 6 点时，合金成为单相的铁素体。铁素体冷到 7 点时，碳在铁素体中的溶解量呈饱和状态。因而自 7 点继续降温时，将自铁素体中析出的 Fe_3C，它一般沿铁素体晶界呈片状分布。工业纯铁缓冷到室温后的显微组织如图 16.3 所示。

（2）共析钢。

共析钢在相图上的位置如图 16.2 中的（2）所示。共析钢在 1～2 点温度之间按匀晶转变形成奥氏体。奥氏体冷却至 727 ℃（3 点）时，将发生共析转变，即 $A_S \rightarrow P(F_P + Fe_3C)$ 形成珠光体。珠光体中的渗碳体称为共析渗碳体。当温度由 727 ℃ 继续下降时，铁素体沿固溶线 PQ 改变成分，析出 Fe_3C_{II}。Fe_3C_{II} 常与共析渗碳体连在一起，不易分辨，且数量极少，可忽略不计。图 16.4 是共析钢的显微组织（珠光体）。

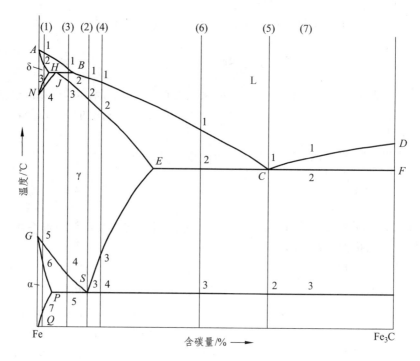

图 16.2　典型铁碳合金在 Fe-Fe₃C 相图中的位置

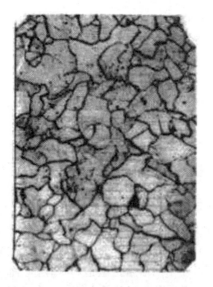

图 16.3　纯铁的显微组织（200×）

图 16.4　共析钢的显微组织（400×）

（3）亚共析钢。

以含碳量为 0.45% 的合金为例来进行分析，如图 16.2 中的合金成分（3）。在 1 点以上合金为液体。温度降至 1 点后，开始从液体中析出 δ 固溶体，1～2 点为 L+δ。*HJB* 为包晶线，故在 2 点发生包晶转变，形成奥氏体（A），即 $L_B + \delta_H \rightarrow A_J$。包晶转变结束后，除奥氏体外还有过剩的液体。温度继续下降时，在 2～3 点从液体中继续结晶出奥氏体，奥氏体的浓度沿 *JE* 线变化。到 3 点后合金全部凝固成单相奥氏体。温度由 3 点降至 4 点是奥氏体的单相冷却过程，没有相和组织变化。继续冷却至 4 ~ 5 点时，由奥氏体结晶出铁素体。在此过程中，奥氏体成分沿 GS 线变化，铁素体成分沿 GP 线变化。当温度降到 727 ℃，同时奥氏体的成分达到 S 点（0.77%）则发生共析转变，即 $A_S \rightarrow P(F_P + Fe_3C)$，形成珠光体。此时，原先析出的铁素体保持不变。所以共析转变后，合金的组织为铁素体和珠光体。当继续冷却时，铁素体的含碳量沿 PQ 线下降，同时析出三次渗碳体。同样，三次渗碳体的量极少，一般可忽略不计。因此，含碳量为 0.45% 的铁碳合金，其室温组织是由铁素体和珠光体组成。它的显微组织如图 16.5 所示。

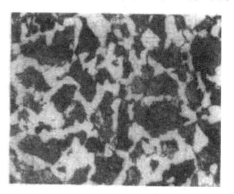

图 16.5 亚共析钢的显微组织

所有亚共析钢的室温组织都是由铁素体和珠光体组成的。其差别仅在于珠光体（P）与铁素体（F）的相对量不同。含碳量越高，则珠光体越多，铁素体越少，相对量可用杠杆定律计算。

（4）过共析钢。

以含碳量为 1.2% 的合金为例，该合金在相图上的位置如图 16.2 中的（4）所示。合金在 1 ~ 2 点按匀晶过程转变为单相奥氏体组织。在 2 ~ 3 点为单相奥氏体的冷却过程。自 3 点开始，由于奥氏体的溶碳能力降低，从奥氏体中析出 Fe_3C_{II}，并沿奥氏体晶界呈网状分布。温度在 3 ~ 4，随着温度的降低，析出的二次渗碳体量不断增多。与此同时，奥氏体的含碳量也逐渐沿 ES 线降低。当冷却到 727 ℃（4 点）时，奥氏体的成分达到 S 点，于是发生共析转变 $A_S \rightarrow P(F_P + Fe_3C)$，形成珠光体。4 点以下直到室温，合金组织变化不大。因此，常温下，过共析钢的显微组织由珠光体和网状二次渗碳体所组成，如图 16.6 所示。

可用同样的方法分析共晶白口铸铁、亚共晶白口铸铁及过共晶白口铸铁的结晶过程。它们的常温组织分别为变态莱氏体（见图 16.7）；珠光体、二次渗碳体和变态莱氏体（见图 16.8）；一次渗碳体和变态莱氏体（见图 16.9）。

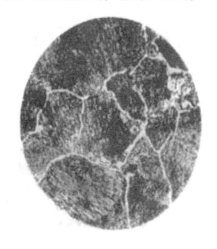

图 16.6 过共析钢的室温显微组织

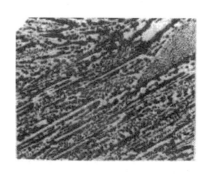

图 16.7 共晶白口铸铁显微组织

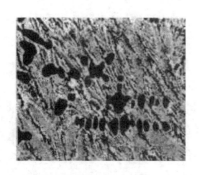 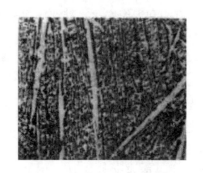

图 16.8 亚共晶白口铸铁显微组织　　图 16.9 过共晶白口铸铁显微组织

四、实验步骤及内容

（1）观察表 16.2 中试样的显微组织。

表 16.2　Fe-C 合金平衡组织观察试样状态

序号	材　料	热处理状态	放大倍数	浸蚀剂	组织及特征
1	工业纯铁	退　火	400×	3% 硝酸酒精	单一等轴晶 F（少量夹杂），在显微镜中只能看见 F 晶界及夹杂
2	20 钢	退　火	400×	3% 硝酸酒精	F（白色晶粒）+ P（黑色块状晶粒）
3	45 钢	退　火	400×	3% 硝酸酒精	同上，但 P 量多
4	65 钢	退　火	400×	3% 硝酸酒精	F（白色网状晶粒）+ P（黑色片状晶粒）
5	T8 钢	退　火	400×	3% 硝酸酒精	片状 P（F_p + Fe_3C 混合物），无晶界显示
6	T12 钢	退　火	400×	3% 硝酸酒精	沿晶界有白色网状 Fe_3C_{II}，晶内有黑色 P（局部少量的片状 P）
7	T12 钢	退　火	200×	碱性苦味酸钠溶液	P + Fe_3C_{II}，Fe_3C_{II} 为黑色网络状，其余为 P（局部为片状 P）
8	亚共晶白口铸铁	退　火	200×	3% 硝酸酒精	组织为（P + Fe_3C_{II}）+ L'e，黑色树枝状为 P，Fe_3C_{II} 与 Fe_3C 连成一片不可分辨，L'e 是 Fe_3C（白色）和 P（均匀分布的黑色小点或条状组织）
9	共晶白口铸铁	退　火	—	3% 硝酸酒精	共晶 L'e 是由 P + Fe_3C_{II} 组成的。P 组织细小，成圆粒及长条在 Fe_3C 基体上为黑色。Fe_3C_{II} 与共晶 Fe_3C 连成一片呈白色，不可分辨
10	过共晶白口铸铁	退　火	—	3% 硝酸酒精	Fe_3C_I + L'e。Fe_3C_I 呈白亮色粗大的板条状，而 L'e 仍为黑白相间的斑点状

（2）掌握工业纯铁、亚共析钢、共析钢、过共析钢、亚共晶白口铸铁、共晶白口铸铁和过共晶白口铸铁的平衡结晶过程。

（3）掌握铁素体、珠光体、渗碳体、莱氏体组织的相组成、组织特征、性能特点以及成分范围。

五、实验报告内容

（1）了解金相样品的制备过程，学习金相显微镜的使用方法，观察表 16.2 中样品的显微组织。

（2）用铅笔画出表 16.2 中 1~6 样品的显微组织；每一种样品都各画在一个 $\phi30$ mm 的圆内，并用箭头标出图中各相组织（用符号表示），在圆的下方标注材料名称、热处理状态、放大倍数和浸蚀剂等。

（3）估计 20 钢、45 钢中 P 和 F 的相对量（即估计所观察视场中 P 和 F 各自所占的面积百分比），并应用 Fe-Fe$_3$C 相图从理论上计算这两种材料的 P 和 F 组织相对量，与实验估计值进行比较。

六、思考题

（1）杠杆原理的理论和实验意义是什么？

（2）Fe-C 合金平衡组织中，渗碳体可能有几种存在方式和组织形态？试分析它对性能有什么影响？

（3）铁碳合金的含碳量与平衡组织中的 P 和 F 组织组成物的相对数量的关系是什么？

（4）珠光体 P 组织在低倍观察和高倍观察时有何不同？为什么？

说明：携带铅笔（2B、H 各一支）和橡皮擦等在实验室中做实验。

实验十七　碳钢的热处理及显微组织观察与分析

一、实验目的

（1）观察和研究碳钢经不同形式热处理后显微组织的特点。
（2）了解热处理工艺对碳钢硬度的影响。

二、实验说明

碳钢经热处理后的组织可以是接近平衡状态（如退火、正火）的组织，也可以是不平衡组织（如淬火组织）。因此，在研究热处理后的组织时，不但要用铁碳相图，还要用钢的 C 曲线来分析。图 17.1 为共析碳钢的 C 曲线，图 17.2 为 45 钢连续冷却的 CCT 曲线。

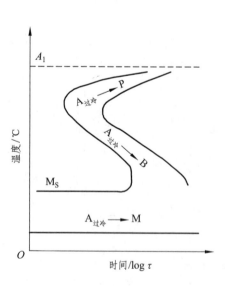

图 17.1　共析碳钢的 C 曲线

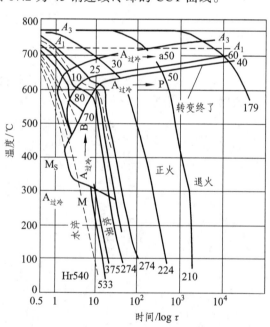

图 17.2　45 钢的 CCT 曲线

C 曲线能说明在不同冷却条件下过冷奥氏体在不同温度范围内发生不同类型的转变过程及能得到哪些组织。

1. 碳钢的退火和正火组织

亚共析碳钢（如 40、45 钢等）一般采用完全退火，经退火后可得接近于平衡状态的组织，其组织形态特征已在前一实验中加以分析和观察过（见图 16.5）。共析碳素工具钢（如 T10、T12 钢等）则采用球化退火，T12 钢经球化退火后，组织中的二次渗碳体和珠光体中的渗碳体都呈球状（或粒状），如图 17.3 所示，图中均匀分散的细小粒状组织就是粒状渗碳体。

2. 钢的淬火组织

含碳质量分数相当于亚共析成分的奥氏体淬火后得到马氏体。马氏体组织为板条状或针状，20 钢经淬火后将得到板条状马氏体。在光学显微镜下，其形态呈现为一束束相互平行的细条状马氏体群。在一个奥氏体晶粒内可有几束不同取向的马氏体群，每束条与条之间以小角度晶界分开，束与束之间具有较大的位向差，如图 17.4 所示。

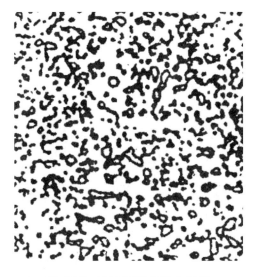 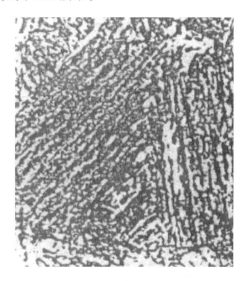

图 17.3　T12 钢球化退火组织　　　　图 17.4　低碳马氏体组织

45 钢经正常淬火后将得到细针状马氏体和板条状马氏体的混合组织，如图 17.5 所示。由于马氏体针非常细小，故在显微镜下不易分清。

45 钢加热至 860 ℃ 后油淬，得到的组织将是马氏体和部分托氏体（或混有少量的上贝氏体），如图 17.6 所示。碳质量分数相当于共析成分的奥氏体等温淬火后得到贝氏体，如 T8 钢在 550～350 ℃ 及 350 ℃～M_S 温度内等温淬火，过冷奥氏体将分别转变为上贝氏体和下贝氏体。上贝氏体是由成束平行排列的条状铁素体和条间断续分布的渗碳体所组成的片层状组织，当转变量不多时，在光学显微镜下可看到成束的铁素体在奥氏体晶界内伸展，具有羽毛状特性，如图 17.7 所示。

下贝氏体是在片状铁素体内部沉淀有碳化物的组织。由于易受浸蚀，所以在显微镜下呈黑色针状特征，如图 17.8 所示。

在观察上、下贝氏体组织时，应注意为显示贝氏体组织形态，试样的处理条件一般是在等温度下保持不长的时间后即在水中冷却，因此只形成部分贝氏体，显微组织中呈白亮色的基体部分为淬火马氏体组织。

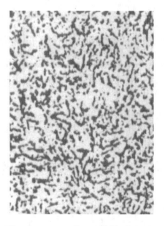

图 17.5　45 钢正常淬火组织　　　图 17.6　45 钢油淬组织　　　图 17.7　上贝氏体组织特征

含碳质量分数相当于过共析成分的奥氏体淬火后除得到针状马氏体外，还有较多的残余奥氏体。T12 碳钢在正常温度淬火后将得到细小针状马氏体加部分未溶入奥氏体中的球形渗碳体和少量残余奥氏体，如图 17.9 所示。但是当把此钢加热到较高温度淬火时，显微镜组织中出现粗大针状马氏体，并在马氏体针之间看到亮白色的残余奥氏体，如图 17.10 所示。

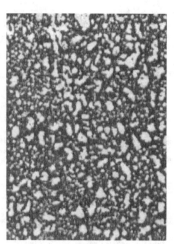

图 17.8　下贝氏体组织特征　　图 17.9　T12 钢正常淬火组织　图 17.10　T12 钢 1 000 ℃油淬组织

3. 碳钢回火后的组织

淬火钢经不同温度回火后所得到的组织不同，通常按组织特征分为以下 3 种。

（1）回火马氏体。淬火钢经低温回火（150～250 ℃），马氏体内脱溶沉淀析出高度弥散的碳化物质点，这种组织成为回火马氏体。回火马氏体仍保持针状特征，但容易浸蚀，故颜色比淬火马氏体深些，是暗黑色的针状组织，如图 17.11 所示。回火马氏体具有高的强度和硬度，而韧性和塑性较淬火马氏体有明显改善。

（2）回火托氏体。淬火钢经中温回火（350～500 ℃）得到在铁素体基体中弥散分布着微小状渗碳体的组织，称为回火托氏体。回火托氏体中的铁素体仍然基本保持原来针状马氏体的形态，渗碳体则呈细小的颗粒状，在光学显微镜下不易分辨清楚，故呈暗黑色，如图 17.12

所示。回火托氏体有较好的强度、硬度、韧性和很好的弹性。

（3）回火索氏体。淬火钢高温回火（500～650 ℃）得到的组织称为回火索氏体，其特征是已经聚集长大了的渗碳体颗粒均匀分布在铁素体基体上。回火索氏体中的铁素体已不呈针状形态而呈等轴状，如图 17.13 所示。回火索氏体具有强度、韧性和塑性较好的综合机械性能。

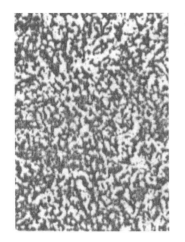  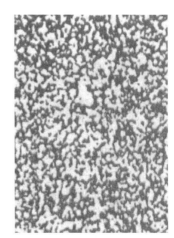

图 17.11　回火马氏体组织　　　　图 17.12　回火托氏体组织　　　　图 17.13　回火索氏体组织

三、实验内容

典型牌号碳钢经不同热处理后的状态如表 17.1 所示。

表 17.1　典型牌号碳钢经不同热处理后的状态

试样号码	钢号	热处理条件	浸蚀剂	放大倍数
1	45 钢	860 ℃ 炉冷（退火）	3%硝酸酒精溶液	200～450
2	45 钢	860 ℃ 空冷（正火）	3%硝酸酒精溶液	200～450
3	45 钢	860 ℃ 加热、油淬	3%硝酸酒精溶液	450～600
4	45 钢	860 ℃ 加热、油淬	3%硝酸酒精溶液	450～600
5	45 钢	860 ℃ 水淬、200 ℃ 回火	3%硝酸酒精溶液	450～600
6	45 钢	860 ℃ 水淬、400 ℃ 回火	3%硝酸酒精溶液	450～600
7	45 钢	860 ℃ 水淬、600 ℃ 回火	3%硝酸酒精溶液	450～600
8	20 钢	1 000 ℃ 加热、水淬	3%硝酸酒精溶液	450～600
9	T8 钢	440 ℃ 等温 11 s、水冷	3%硝酸酒精溶液	450～600
10	T8 钢	290 ℃ 等温 3 min、水冷	3%硝酸酒精溶液	450～600
11	T12 钢	1 000 ℃ 加热、水淬	3%硝酸酒精溶液	450～600
12	T12 钢	780 ℃ 加热、水淬	3%硝酸酒精溶液	450～600
13	T12 钢	球化退火	3%硝酸酒精溶液	450～600

四、实验方法

（1）领取一套金相试样，在金相显微镜下观察。观察时要根据 Fe-Fe₃C 相图和钢的 C 曲线来分析确定不同热处理条件下各种组织的形成原因。

（2）对于经过不同热处理后的组织，要采用对比的方式进行分析研究。例如，退火与正火、水淬与油淬、淬火马氏体与回火马氏体等。

（3）画出所观察到的、指定的几种典型显微组织形态特征，并注明组织名称、热处理条件及放大倍数等。

（4）在了解洛氏硬度计的构造及操作方法之后，测定 45 钢经不同热处理后的硬度，并记录所测得的硬度数据。

五、实验报告内容

（1）实验目的。

（2）运用铁碳相图及相应钢种的 C 曲线，根据具体的热处理条件分析所得的组织及特征，并画出所观察试样的显微组织示意图。

（3）列出全部硬度测定数据，分析冷却方法及回火温度对碳钢性能（硬度）的影响，画出回火温度同硬度的关系曲线，并阐明硬度变化的原因。

六、思考题

（1）45 钢淬火后硬度不足，如何用金相分析来判定是淬火加热温度不足还是冷却速度不够？

（2）45 钢调质处理得到的组织和 T12 钢球化退火得到的组织在本质、形态、性能和用途上有何差异？

（3）指出下列工件的淬火及回火温度，并说明回火后获得的组织。

① 45 钢的小轴；

② 60 钢的弹簧；

③ T12 钢的锉刀。

实验十八 合金钢、铸铁、有色金属显微组织观察与分析实验

一、实验目的

（1）观察各种常用合金钢、有色金属和铸铁的显微组织。

（2）分析这些金属材料的组织和性能的关系及应用。

二、实验说明

1. 几种常用合金钢的显微组织

一般合金结构钢、低合金工具钢都是低合金钢，即合金元素总量小于 5% 的钢，由于加入了合金元素，使相图发生了一些变动，但其平衡状态的显微组织与碳钢没有质的区别。这些合金钢热处理后的显微组织仍然可借助 C 曲线来分析，除了 Co 元素之外，合金元素都使 C 曲线右移，所以低合金钢用较低的冷却速度即可获得马氏体组织。例如，除作滚动轴承外，这些合金钢还广泛用作切削工具、冷冲模具、冷轧辊及柴油机喷嘴的 GCr15 钢，经过球化退火、840 ℃ 油淬和低温回火，得到的组织为隐针或细针回火马氏体和细颗粒状均匀分布的碳化物以及少量残余奥氏体。

高速钢是一种常用的高合金工具钢。如 W18Cr4V 高速钢，因为含有大量合金元素，使 Fe-Fe$_3$C 相图中点 E 大大向左移动，所以它虽然只含有 0.7% ~ 0.8% 的碳，但已经含有莱氏体组织。在高速钢的铸态组织中可看到鱼骨状共晶碳化物，如图 18.1 所示。这些粗大的碳化物，不能用热处理方法去除，只能用锻造的方法将其打碎。锻造退火后高速钢的显微组织是由索氏体和分布均匀的碳化物组成，如图 18.2 所示。大颗粒碳化物是打碎了的共晶碳化物。高速钢淬火加热时，有一部分碳化物未溶解，淬火后得到的组织是马氏体、碳化物和残余奥氏体，如图 18.3 所示。碳化物呈颗粒状，马氏体和残余奥氏体都是过饱和的固溶体，腐蚀后都呈白色，无法分辨，但可看到明显的奥氏体晶界。为了消除残余奥氏体，需要进行 3 次回火，回火后的显微组织为暗灰色回火马氏体、白亮小颗粒状碳化物和少量残余奥氏体，如图 18.4 所示。

2. 铸铁的显微组织

根据铸铁在结晶过程中石墨化程度的不同，可分为白口铸铁、灰口铸铁、麻口铸铁。白口铸铁具有莱氏体组织而没有石墨，碳几乎全部以碳化物形式（Fe$_3$C）存在。灰口铸铁没有

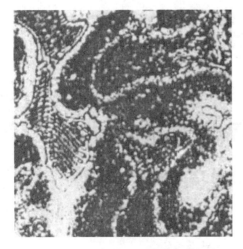

图 18.1　W18Cr4V 钢铸态组织

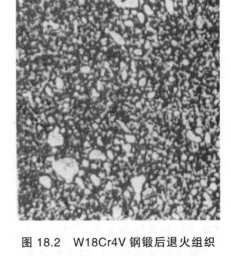

图 18.2　W18Cr4V 钢锻后退火组织

图 18.3　W18Cr4V 钢的淬火组织

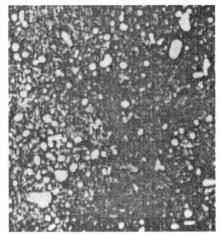

图 18.4　W18CNV 钢的淬火回火组织

莱氏体，而有石墨，即碳部分或全部以自由碳、石墨的形式存在。因此，灰口铸铁的组织可以看成是由钢基体和石墨所组成，其性能也由组织的这两个特点所决定。麻口铸铁的组织介于灰口铸铁与白口铸铁之间。白口铸铁和麻口铸铁由于莱氏体的存在而有较大的脆性。

（1）石墨。石墨本身的强度、硬度、塑性都很低，几乎等于零。因此，石墨对铸铁性能的影响极大。石墨的形状越细长、粗大或分布不均匀，则产生应力集中的程度就越严重，从而大大降低了铸铁的强度和塑性。

（2）基体组织。根据石墨化程度的不同，铸铁的基体组织不同，一般情况下可分为 3 种：铁素体、珠光体 + 铁素体、珠光体。

（3）各种铸铁的显微组织特征。

普通灰口铸铁：石墨呈粗片状析出，如图 18.5 所示。

变质灰口铸铁：在铸铁浇注前，往铁水中加入变质剂增多石墨结晶核心，使石墨以细小片状析出。

球墨铸铁：在铁水中加入球化剂，浇注后石墨呈球状析出，如图 18.6 所示。

可锻铸铁：将白口铸铁锻化退火，使石墨呈团絮状析出，如图 18.7 所示。

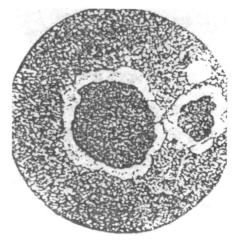

图 18.5　F 基体灰口铸铁　　　　图 18.6　P + F 基体球墨铸铁

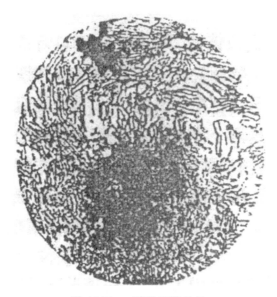

图 18.7　P 基体可锻铸铁

3. 几种常用有色金属的显微组织

（1）铝合金。铝合金应用十分广泛，分为形变铝合金和铸造铝合金。

铝硅合金是广泛应用的一种铸造铝合金，俗称硅铝明，$w_{Si} = 11\% \sim 13\%$。从 Al-Si 合金图可知，硅铝明的成分接近共晶成分，铸造性能好，铸造后得到的组织是粗大的针状硅和 α 固溶体组成的共晶体，如图 18.8 所示。硅本身极脆，又呈针状分布，因此极大地降低了合金的塑性和韧性。为了改善合金质量，可进行"变质处理"。即在浇注时，往液体合金中加入 $w_{合金} = 2\% \sim 3\%$ 的变质剂（常用钠盐混合物：2/3NaF + 1/3NaCl），可使铸造合金的显微组织显著细化。变质处理后得到的组织已不是单纯的共晶组织，而是细小的共晶组织加上初晶 α 相，即亚共晶组织，如图 18.9 所示。

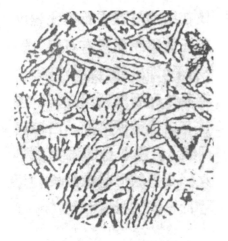 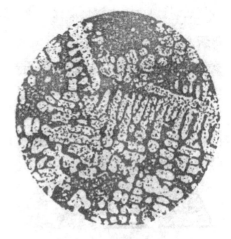

图 18.8　未变质处理的硅铝明合金组织　　　图 18.9　经变质处理后的硅铝明合金组织

（2）铜合金。最常用的铜合金为黄铜（Cu-Zn 合金）及青铜（Cu-Sn 合金）。

根据 Cu-Zn 合金相图，含 $w_{Zn} = 39\%$ 的黄铜，其显微组织为单相 α 固溶体，故称单相黄铜，其塑性好，可制造深冲变形零件。常用单相黄铜为 $w_{Zn} = 30\%$ 左右的 H70，在铸态下因晶内偏析经腐蚀后呈树枝状，变形并退火后则得到多边形的具有退火孪晶特征的 α 晶粒，如图 18.10 所示。因各个晶粒位向不同，所以具有不同深浅颜色。$w_{Zn} = 39\% \sim 45\%$ 的黄铜，其组织为 β+β′（β′ 是 CuZn 为基的有序固溶体），故称双相黄铜。在低温时性能硬而脆，但在高温时有较好的塑性，适于热加工，可用于承受大载荷的零件，常用的双相黄铜为 H62，在轧制退火后的显微组织经 $w_{FeCl_3} = 3\%$ 和 $w_{HCl} = 10\%$ 的水溶液浸蚀后，α 晶粒呈亮白色，β′ 晶粒呈暗黑色，如图 18.11 所示。

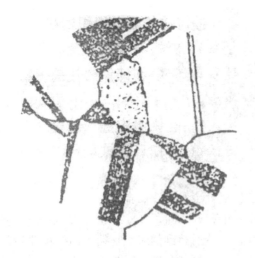 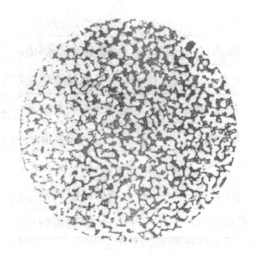

图 18.10　单相黄铜的组织特征　　　　　图 18.11　双相黄铜

（3）轴承合金。巴氏合金是滑动轴承合金中应用较多的一种。锡基巴氏合金中 $w_{Sn} = 83\%$、$w_{Sb} = 11\%$、$w_{Cu} = 6\%$。其显微组织是在软的 α 固溶体的基体上分布着方块状 β′（以化合物 SnSb 为基的有序固溶体）硬质点及白色星状或放射状的 Cu_6Sn_5，如图 18.12 所示。

20 高锡铝基合金是典型的硬基体加软质点组织的轴承合金。此种合金具有高疲劳强度，又有适当硬度，且铝资源丰富，故可代替以锡、铅为基体的巴氏合金及铜基轴承合金，广泛应用于高速重载汽车、拖拉机等柴油机的轴承。20 高锡铝基轴承合金成分为：$w_{Sn} = 17.5\% \sim 22.5\%$，$w_{Cu} = 0.75\% \sim 1.25\%$，其余为 Al。此合金为亚共晶合金，室温组织为初晶 α 和 (α+Sn) 共晶体，但在铸态下 α+Sn 以离异共晶形式出现，使锡成网状分布于 α 固溶体晶界上，经轧制退火使网状分布、低熔点的锡球化，其组织为铝基固溶体上弥散分布着粒状的锡，为使高锡铝基轴承合金和钢背结合牢固，采用钢带、铝-锡合金及中间夹有纯铝箔的 3 层合金复合轧制，如图 18.13 所示。

图 18.12　ZCuSnSbll-6 合金组织　　　图 18.13　20 高锡铝双金属合金组织

三、实验内容及方法

（1）领取各种类型合金材料的金属试样，如表 18.1 所示，在显微镜下进行观察，并分析其组织形态特征。

（2）观察各类成分的合金要结合相图和热处理条件来分析应该具有的组织，着重区别各自的组织形态特点。

（3）认识组织特征之后，再画出所观察试样的显微组织图。画组织图时应抓住组织形态的特点，画出典型区域的组织。

表 18.1　金属试样表

序号	试样号	材　料	处理状态	浸蚀剂
1	3	GCr15	840 ℃ 油淬、150 ℃ 回火	3% 硝酸酒精溶液
2	6	W18Cr4V	1 260 ~ 1 280 ℃ 油淬	3% 硝酸酒精溶液
3	7	W18Cr4V	1 270 ℃ 油淬、560 ℃ 3 次回火	3% 硝酸酒精溶液
4	HT3	灰铸铁	铸造状态	3% 硝酸酒精溶液
5	KT6	可锻铸铁	可锻化退火	3% 硝酸酒精溶液

序号	试样号	材 料	处理状态	浸蚀剂
6	QT9	球墨铸铁	铸造状态	3% 硝酸酒精溶液
7	1	硅铝明	铸态（未变质处理）	0.5% 氢氟酸溶液
8	2	硅铝明	铸态（变质处理）	0.5% 氢氟酸溶液
9	3	黄 铜	—	3% $FeCl_3$ + 10% HCl 溶液
10	4	锡基轴承合金	铸 态	3% 硝酸酒精溶液
11	7	20高锡铝钢背轴瓦	复合轧制退火	3% 硝酸酒精溶液

四、实验报告内容

（1）实验目的。

（2）分析讨论各类合金钢组织的特点，并与相应的碳钢组织作比较，同时把组织特点与性能和用途联系起来。

（3）分析讨论各类铸铁组织的特点，并同钢的组织作比较，指出铸铁的性能、用途和特点。

五、思考题

（1）合金钢与碳钢比较，组织上有什么不同？性能上有什么差别？使用上有什么优越性？

（2）铸造 Al-Si 合金的成分是如何考虑的？为何要进行变质处理？变质处理与未变质处理的 Al-Si 合金前后的组织与性能有何变化？

（3）轴瓦材料的组织应如何设计（即它的组织应具有什么特点）？巴氏合金的组织是什么？

（4）高速钢（W18Cr4V）的热处理工艺是怎样的？有何特点？

（5）要使球墨铸铁分别得到回火索氏体及下贝氏体等基体组织，应进行何种热处理？

第五部分

互换性与技术测量课程实验

实验十九　轴孔测量实验

项目一　用立式光学计测量轴径

一、实验目的

（1）了解立式光学计的结构及测量原理。
（2）熟悉用立式光学计测量外径的方法。
（3）加深理解计量器具与测量方法的常用术语，巩固尺寸及行为公差的概念。
（4）掌握由测量结果判断工件合格性的方法。

二、测量仪器介绍

立式光学计是一种精度较高而结构简单的常用光学测量仪。用量块组合成被测量的基本尺寸作为长度基准，按比较测量法来测量各种工件相对基本尺寸的偏差值，从而计算出实际尺寸。

仪器的基本度量指标如下：
分度值：0.001 mm；
示值范围：±0.1 mm；
测量范围：0～180 mm；
仪器不确定度：0.001 mm。
仪器的外观结构如图 19.1 所示。

三、测量原理

直角光管是立式光学比较仪的主要部件，整个光学系统和测量部件装在直角光管内部。测量原理是光学自准直原理和机械的正切放大原理组合而成。其光路系统图如图 19.2 所示，正切放大原理图如图 19.4 所示，图 19.3 为图 19.2 中分划板的放大图。

分划板在物镜的焦平面上，由于这一特殊位置使刻度尺受光照后反射的光线经直角棱镜折转 90° 到物镜后形成平行光束。当平面镜垂直于物镜主光轴时（通过调节仪器使测头距工作台为基本尺寸时平面镜正好垂直主光轴），这束平行光束经平面镜反射，反射光线按原路返回。在分划板上成的刻度尺像与刻度尺左右对称，在目镜中读数为零。当平面镜与主光轴的

图 19.1　立式光学计外观图

1—底座；2—工作台；3—粗调螺母；4—支臂；5—支臂紧固螺钉；6—立柱；7—直角光管；8—光源；
9—目镜；10—微调旋钮；11—细调旋钮；12—光管紧固螺钉；13—测头提升杠杆；
14—测头；15—工作台调整旋钮（共 4 个，调整工作台垂直测杆）

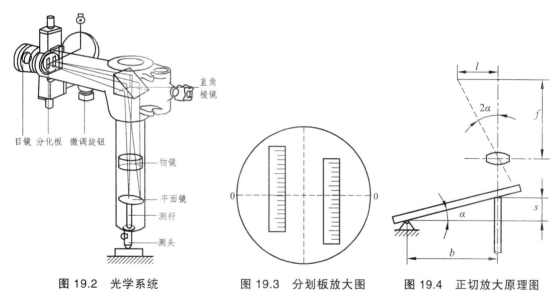

图 19.2　光学系统　　　　图 19.3　分划板放大图　　　图 19.4　正切放大原理图

垂直方向成一个角度 α 时（测件与基本尺寸的偏差 s 使平面镜绕支点转动），这束平行光束经平面镜反射，反射光束与入射光束成 2α 角，经物镜和平面镜在分划板上成的刻度尺像相对刻度尺上下移动 t。

在原理图中可以看出：

$$s = b \times \tan \alpha$$
$$t = f \times \tan 2\alpha$$

因为 α 很小，所以 $\tan \alpha = \alpha$，$\tan 2\alpha = 2\alpha$，因此，放大倍数：

$$K = t / s = 2f / b$$

因为 $f = 20$ mm，$b = 5$ mm，则

$$K = 400 / 5 = 80$$

又因为目镜的放大倍数 $K' = 12 \times 80 = 960$，因此说明，当偏差 $s = 1$ μm，在目镜中可看到 0.96 mm 的位移量，大约 1 mm，所以看到的刻线间距约为 1 mm。

四、实验步骤

1. 测头的选择

测头有球形、平面形和刀口形 3 种，根据被测零件表面的几何形状来选择，使测头与被测表面尽量满足点接触。所以，测量平面或圆柱面工件时选用球形测头。测量球面工件时，选用平面形测头。测量小于 10 mm 的圆柱面工件时，选用刀口形测头且刀口与轴线相垂直。

2. 按被测工件的基本尺寸组合量块

量块的工作面明亮如镜，很容易和非工作面相区分。工作面又有上下之分：当量块尺寸 < 5.5 mm 的时候，有数字的一面即为上工作面；当尺寸 ≥ 6 mm 时，数字表面的右侧面为上工作面。

将量块的上下工作面叠置一部分，并以手指加少许压力后逐渐推入，使两工作面完全重叠相研合。

3. 接通电源调整工作台使其与测杆方向垂直

通常情况下已调好，禁止拧动 4 个工作台调整旋钮。

4. 检查细、微调旋钮是否在调节范围中间

调节微调旋钮 10 使其上的红点与光管上的红点对齐。松开光管紧固螺钉 12，调节光管凸轮旋钮 11（细调旋钮）使其上的红点向下，然后再紧固光管紧固螺钉。如仪器上无红点，先调微调旋钮 10 或细调旋钮 11 确定其调整范围，然后把微调旋钮 10 和细调旋钮 11 调到调整范围中间，需紧固的要紧固。

5. 用基本尺寸仪器调零

（1）粗调。松开支臂紧固螺钉 5，转动粗调螺母 3 升起支臂，将研合好的量块放在工作台中央并使测头对准上测量面的中心点（对角线交点）。转动粗调螺母 3，使支臂缓慢下降，直到与测量面轻微接触，并能在现场中看到刻度尺像时，将支臂紧固螺钉 5 锁紧。

（2）细调。松开光管紧固螺钉 12，转动调节凸轮（细调旋钮 11），直至在目镜中观察到刻度尺像与 μ 指标线接近为止，然后将光管紧固螺钉 12 锁紧。

（3）微调。转动刻度尺微调螺钉 10，使刻度尺的零线影像与 μ 指示线重合，然后按测头提升杠杆 13 数次，看零位是否稳定，如稳定可以测量。否则，检查是否该锁紧的位置没有锁紧，找到原因重新调零。

6. 测量被测件

按测头提升杠杆将测头抬起，取下量块，放上被测件轴，在轴的左、中、右选 3 个截面Ⅰ、Ⅱ、Ⅲ，在每个截面上测相互垂直的两个直径的 4 个端点 *A*、*B*、*A'*、*B'*，如图 19.5 所示，共测 12 个点，测每一点时在轴线的垂直方向上前后移动，读拐点的最大值。

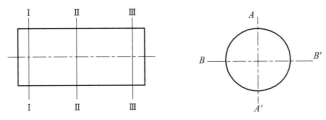

图 19.5　测点分布图

7. 复检零位

测完后将量块重新放回原位，复检零位偏移量不得超过 ± 0.5 μm，否则找出原因重测。

8. 断电整理仪器

实验完成后切断电源，整理仪器。

五、数据处理及合格性评定方法

1. 评定轴径的合格性

根据轴的尺寸标注查表得到基本偏差 es、公差 Td 及安全裕度 A，按图 19.6（a）计算上下验收极限偏差，所测 12 点的直径的实际偏差均在上下验收极限偏差内，则该轴直径合格。即

$$es - A \geq ea \geq ei + A$$

2. 评定形状、位置误差的合格性

如在被测轴上标注了素线直线度公差 t— 和素线平行度公差 t//，就应根据测量的 12 个数据求出 4 条素线的直线度误差值 f— 和素线平行度误差值 f//，如图 19.6（b）所示，并找出其中最大的 f—max 和 f//max 与公差相比，当 f—max ≤ t— 且 f//max ≤ t// 时，即为合格。

轴所标注的各项指标全合格，则此轴合格。

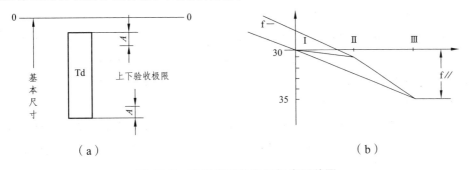

（a）　　　　　　　　　　　　　　　　（b）

图 19.6　直线度误差和平行度误差图

项目二 内径指示表测量孔径

一、实验目的

（1）了解内径指示表的结构及测量原理。

（2）熟悉用内径指示表测量内径的方法。

（3）加深理解计量器具与测量方法的常用术语，巩固尺寸及形位公差的概念。

二、测量仪器介绍

内径指示表是一种用比较法来测量中等精度孔径的测量仪，尤其适合于测量深孔的直径，国产的内径指示表可以测量 10～450 mm 的内径。根据被测尺寸的大小可以选用相应测量范围的内径指示表，如 10～18 mm 内径指示表、18～35 mm 内径指示表、35～50 mm 内径指示表、59～100 mm 内径指示表、100～160 mm 内径指示表、160～250 mm 内径指示表、250～450 mm 内径指示表。

例如，要测 ϕ30 的内径就应选择 18～35 mm 内径指示表。在指示表盒里从 18～35 mm 每隔 1 mm 给一个可换固定测头，从中找出对应 30 mm 的测头安装后即可进行测量。根据被测内孔的精度指示表可以选择百分表（分度值：0.01，示值范围：0～1 mm）或千分表（分度值：0.001，示值范围：0～0.1 mm）。内径指示表由指示表和装有杠杆系统的测量装置所组成，图 19.7 为其外观图。

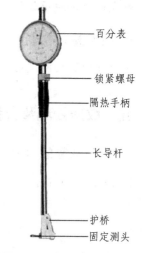

图 19.7 内径指示表外观图

（图注）百分表、锁紧螺母、隔热手柄、长导杆、护桥、固定测头

三、测量原理

如图 19.8（a）所示，活动量柱受到一定的压力，向内推动等臂直角杠杆绕支点回转，并通过长臂推杆推动百分表的测杆而进行读数。

在活动量柱的两侧有对称的定位弦片，定位弦片在弹簧的作用下，对称地压靠在被测孔壁上，以保证两测头的轴线处于被测孔的直径截面内，如图 19.8（b）所示。

两测头轴线在孔的纵截面上也可能倾斜，如图 19.9 所示，所以在测量时应将量杆摆动，以指示表指针的最小值为实际读数。

用内径指示表测量孔径属于比较测量法，因此，在测量零件之前应该用标准环或用量块组成一标准尺寸置于量块夹中，调整仪器的零点，转动指示表盘把零点对准最小值点，如图 19.10 所示。

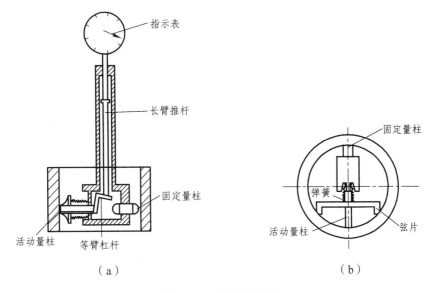

（a）   （b）

图 19.8　测量原理图

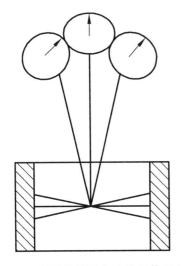

图 19.9　两测头轴线在孔的纵截面上倾斜

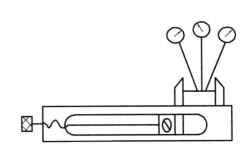

图 19.10　比较测量法

四、实验步骤

（1）根据被测孔的基本尺寸，选择相应的固定量柱旋入量杆头部，将指示表与测杆安装在一起，使表盘与两测头连线平行，且表盘小指针压在 1～2 格，调整好后转动锁紧螺母紧固。

（2）按基本尺寸选择量块，擦净后组合于量块夹中夹紧，将指示表的可动测头先放入量块夹内，压可动测头将固定测头放入量块夹。按图 19.10 所示的方法左右微微摆动指示表找到最小值拐点，转动指示表盘使指针对准零点。

（3）在孔内按图 19.11 所示选 I 、Ⅱ 、Ⅲ截面。在每个截面内互相垂直的 AA' 与 BB' 两个方向测量两个值，测量每个值时要按图 19.9 所示的方法找最小值拐点，读拐点相对零点的值（相对零点顺时针方向偏转为正，相对零点逆时针方向偏转为负）。

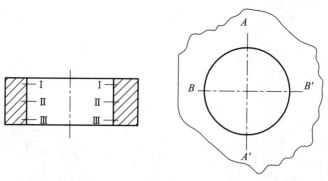

图 19.11 测量点分布图

（4）测完全部 6 个数据后把仪器放回量块夹中复检零位。

注意： ① 操作时用手持隔热手柄；② 将测头放入量块夹或内孔中时，用手压按定位板使活动测头靠压内臂先进入内表面，避免磨损内表面。拿出测头时同样压按定位板使活动测头内缩，可换测头先脱离接触。

五、数据处理及合格性评定方法

1. 局部实际偏差

全部测量位置的实际偏差应满足最大、最小极限偏差。考虑测量误差，局部实际尺寸应满足验收极限偏差（与轴相同）：$ES - A \geqslant EA \geqslant ES + A$。

2. 形状误差

用内径指示表测孔为两点法，其圆度误差为在同一横截面位置处两个方向上测得的实际偏差之差的一半。取各测量位置的最大误差值作为圆度误差，其值应小于圆度公差。

实验二十　表面粗糙度测量实验

一、实验目的

（1）了解用光切显微镜和手持式粗糙度仪测量表面粗糙度的原理和方法。

（2）加深对表面粗糙度和微观不平度十点高度 Rz 的理解。

（3）熟悉表面粗糙度 Rz、Ra、Ry、Rq 等参数并加强理解。

二、实验要求

（1）用光切显微镜和手持式粗糙度仪测量表面粗糙度 Rz 的值。

（2）用手持式粗糙度仪测量表面粗糙度 Rz、Ra、Ry、Rq 等参数的值。

三、光切显微镜测量原理和仪器说明

微观不平度十点高度 Rz 是指在取样长度内，5 个最大的轮廓峰高平均值与 5 个最大的轮廓谷深平均值之和，如图 20.1 所示。

$$Rz = \frac{\sum\limits_{i=1}^{5} y_{\mathrm{p}i} + \sum\limits_{i=1}^{5} y_{\mathrm{v}i}}{5}$$

式中　　$y_{\mathrm{p}i}$——第 i 个最大的轮廓峰高；

$\quad\quad\quad y_{\mathrm{v}i}$——第 i 个最大的轮廓谷深。

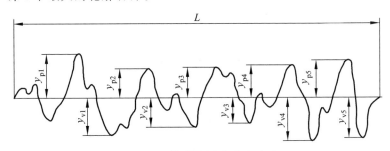

图 20.1　微观不平度十点高度

光切显微镜主要用于测量表面粗糙度参数 Rz，也可测量 Ry。测量范围为 $Rz80 \sim 0.8$ μm。光切显微镜的外形如图 20.2 所示。

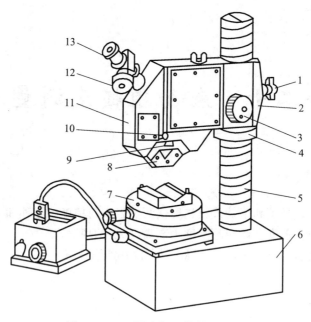

图 20.2　9J 型光切显微镜外形图

1—紧固螺钉；2—横臂；3—微调手轮；4—升降螺母；5—立柱；6—底座；7—工作台；8—物镜；
9—燕尾导板；10—手柄；11—壳体；12—测微鼓轮；13—目镜

底座 6 上装有立柱 5，显微镜主体通过横臂 2 与立柱联接。转动升降螺母 4 可使横臂连同显微镜主体沿立柱上下移动，进行粗调焦，用紧固螺钉 1 将横臂固定在立柱上，微调手轮 3 可对显微镜进行微调焦。

光切显微镜是利用光切原理来测量表面粗糙度的，如图 20.3 所示，被测表面为 P_1P_2 阶梯表面，当一束平行光以 45° 方向投射至阶梯表面上时，就被折射成 S_1 和 S_2 两段，从垂直于光束的方向上就可在显微镜内看到 S_1 和 S_2 两段光带的放大像 S_1' 和 S_2'。同样 S_1 和 S_2 之间的距离 h 也被放大为 S_1' 和 S_2' 之间的距离 h_1'。通过测量与计算，可求得被测表面的阶梯高度 h。

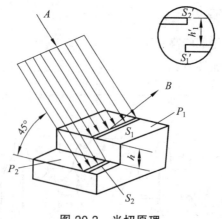

图 20.3　光切原理

图 20.4 为光切显微镜的光学系统图。由光源 1 发出的光经聚光镜 2、狭缝 3、物镜 4 以45° 方向投射到被测工件表面上。调整仪器使反射光束进入与投射光管垂直的观察光管内，经物镜 5 成像于目镜分划板 6 上，通过目镜 7 可观察到凹凸不平的光带，如图 20.5 所示。

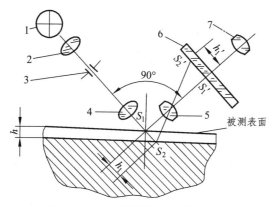

图 20.4　光切显微镜的光学系统图

1—光源；2—聚光镜；3—狭缝；4，5—物镜；6—目镜分划板；7—目镜

光带边缘即工件表面上被照亮了的 h_1 的放大轮廓像为 h_1'，测量出 h_1' 并通过计算即可求得被测表面的不平高度 h。

$$h = h_1 \cos 45° = \frac{h_1'}{N} \cos 45°$$

式中　N ——物镜放大倍数。

为了测量和计算方便，测微目镜中十字线的移动方向（见图 20.6）和被测量光带边缘 h_1' 成 45° 斜角（见图 20.5），故目镜测微器刻度套筒上的读数值 h_1'' 与不平度关系为

$$h_1'' = \frac{h_1'}{\cos 45°} = \frac{Nh}{\cos^2 45°}$$

所以

$$h = \frac{h_1'' \cos^2 45°}{N} = \frac{h_1''}{2N}$$

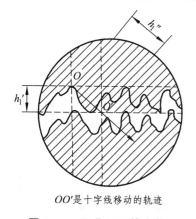

OO' 是十字线移动的轨迹

图 20.5　凹凸不平的光带

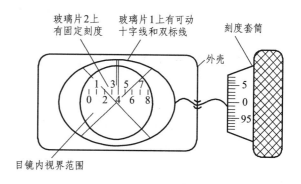

图 20.6　十字线的移动方向

四、光切显微镜测量步骤

（1）根据被测工件表面粗糙度的要求，按表 20.1 选择合适的物镜组，安装在燕尾导板 9 上。

137

表 20.1 物镜组

物镜放大倍数 N	总放大倍数	视场直径/mm	物镜工作距离/mm	测量范围 $Rz/\mu m$
7×	60×	2.5	17.8	10~80
14×	120×	1.3	6.8	3.2~10
30×	260×	0.6	1.6	1.6~6.3
60×	520×	0.3	0.65	0.8~3.2

（2）接通电源。

（3）擦净被测工件，把它安放在工作台上，并使被测表面的加工纹理方向与光带垂直。

（4）调整升降螺母 4 进行粗调焦，再用微调手轮 3 进行微调，使视场中央出现最清晰的狭缝像和表面轮廓像。

（5）松开目镜筒的螺钉转动测微目镜，使目镜中十字线的水平线与狭缝像平行后，将螺钉紧固。

（6）旋转目镜测微器的刻度套筒，使目镜十字线与光带轮廓某一边的峰或谷相切，如图 20.5 所示。并从测微器读出被测表面的峰或谷的数值，依此类推。在取样长度范围内分别测出 5 个最大轮廓峰高和 5 个最大轮廓谷深的数值，然后计算出 Rz 的数值。

（7）纵向移动工作台，在评定长度范围内，测出 3 个取样长度的 Rz 值，取它们的平均值作为被测表面的不平度平均高度，按下式计算：

$$Rz_{平均} = \frac{\sum_{1}^{3} Rz}{3}$$

（8）根据计算结果，判断被测表面粗糙度的实用性。

（9）将该工件表面用相应加工方法的表面粗糙度样板做目测评定 Rz 值。

五、目镜测微器分度值 C 的确定

（1）将玻璃标准刻度尺置于工作台上，调节显微镜焦距并移动标准刻度尺，使在目镜视场内能看到清晰的刻度尺刻线，如图 20.7 所示。

（2）参看图 20.2，松开螺钉转动目镜测微器，使十字线交点运动方向与刻度尺平行然后紧固螺钉。

（3）按表 20.2 选定标准刻度线格数 Z，将十字线交点移至与某条刻度线重合（见图 20.7 中的实线位置），读出第一读数 n_1，然后将十字线移动 Z 格（见图 20.7 中的虚线位置），读出第二读数 n_2，两次的读数差为

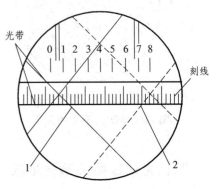

图 20.7 目镜中的刻度尺

$$A = |n_1 - n_2|$$

表 20.2　标准刻度线格数

物镜标准倍数 N	7×	14×	30×	60×
标准刻度线格数 Z	100	50	30	20

（4）计算测微器刻度套筒上一个刻度间距所代表的实际被测值（即分度值 C）。

$$C = \frac{TZ}{ZA}$$

式中　T——标准刻度尺的刻度间距（10 μm）。

把从目镜测微器测得的十点读数平均值乘上 C 值即求得 Rz 值。

$$Rz = Ch'$$

六、手持式粗糙度仪的测量原理和仪器说明

手持式粗糙度仪是采用最新微电子技术的高科技产品。它适用于生产现场，可测量多种机加工零件的表面粗糙度，根据选定的测量条件计算相应的参数，在液晶显示器上清晰地显示出全部测量参数和轮廓图形。

该仪器在测量工件表面时，将传感器放在工件被测表面上，由仪器内部的驱动机构带动传感器沿被测量表面做等速滑行，传感器通过内置的锐利触针感受被测量表面的粗糙度，此时工件被测量表面的粗糙度引起触针产生位移，该位移使传感器电感线圈的电感量产生变化，从而在相敏整流器的输出端产生与被测表面粗糙度成正比例的模拟信号，该信号经过放大及电平转换之后进入数据采集系统，DSP 芯片将采集的数据进行数字滤波和参数计算，测量结果在液晶显示器上读出，也可在打印机上输出，还可以与 PC 机进行通信。

TR200 粗糙度仪结构外形如图 20.8 所示。

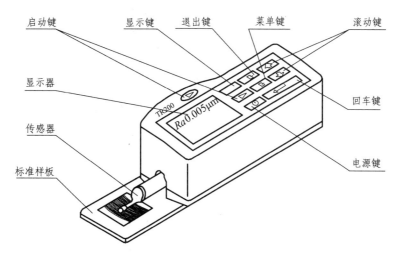

图 20.8　TR200 粗糙度仪结构外形

七、手持式粗糙度仪的测量操作

（1）开机检查电池电压是否正常。

（2）清理干净被测工件表面。

（3）调整传感器与被测工件成水平，并保证触针与工件表面垂直，如图 20.9 和图 20.10 所示。

（4）测量方向与工件表面加工纹理方向垂直，如图 20.11 所示。

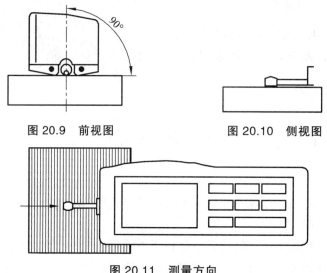

图 20.9　前视图　　　　　　　图 20.10　侧视图

图 20.11　测量方向

（5）开机测试。按电源键后，再按启动键开始测量，主机开始检测运算，并显示测量结果。

（6）分别测量 Ra、Rz、Ry，并记录测量结果。

（7）将光切显微镜测量计算出的 Rz 值与粗糙度仪测量的 Rz 值进行验证。

八、思考题

（1）在光切法显微镜上测量粗糙度时，光带与加工表面纹理应保持什么关系？为什么？

（2）如何提高测量时压线的准确度？

（3）为什么在目镜中调节光带影像时，光带影像的两条轮廓边不可能都是清晰的？

140

实验二十一　形位误差测量实验

一、实验目的

（1）了解主轴的检验方法，了解有关形状与位置误差的意义。
（2）熟悉普通测量器具的使用。

二、实验内容

用于测量主轴的径向圆跳动、斜向圆跳动、端面圆跳动、圆度和圆柱度。

三、实验设备仪器

XW-250X 型多功能形位误差测量仪如图 21.1 所示。

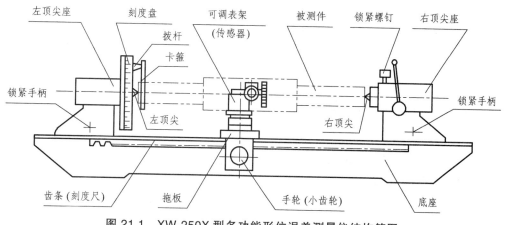

图 21.1　XW-250X 型多功能形位误差测量仪结构简图

四、实验原理

形位误差测量仪是测量轴类零件的常用测量仪，它有两个等高锥形顶尖，安置在平行导轨的两端，被测件回转时各测点位置可由仪器刻度盘读出；装在拖板上的传感器可由齿轮齿条机构带动，沿仪器侧导轨做平行于顶尖轴线的直线运动，其测头的轴向位置可由仪器上的刻度尺读出。

对于图 21.2 所示的主轴零件，一般需要检验以下几项：

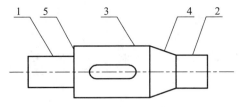

图 21.2　主轴示意图

（1）1、2、3 圆柱表面的直径；

（2）表面 3 对表面 1、2 公共轴线的径向圆跳动；

（3）圆锥表面 4 对表面 1、2 公共轴线的斜向圆跳动；

（4）端面 5 对表面 1、2 公共轴线的端面圆跳动；

（5）表面 3 的圆度，表面 1、2 的圆柱度。

五、实验步骤

1. 安装被测零件

在被测件或测量心轴的左端装上卡箍，将被测件安装在两顶尖上支承定位，拧紧左右顶尖座下方的锁紧手柄。安装被测件时，右顶尖的弹簧压力应适当，安装好后用右顶尖座上方的锁紧螺钉锁紧。调节拨杆的位置，使卡箍通过拨杆与刻度盘相连。

2. 调整传感器（指示表）的初始位置

调节夹持器使测量头轴线处于应有的方位，通过可调表架调整传感器上下、前后的位置，使测量头轴线与回转轴线共面，并使传感器对零，锁紧相应手柄。

3. 进行各项形位误差的测量

（1）圆度测量。

① 在被测回转体拟测的正截面上偶数均布若干测点（测点数最少为 24），以刻度盘上零度为第一测点，按动按钮一次，该测点的半径差值即被采入计算机。

② 转动刻度盘，依次采入各预定测点的半径差值。刻度盘转动一周，数据采集完毕。

③ 系统自动进入数据处理运算评定状态，计算评定完毕后打印出该截面的圆度误差值及有关数据，并可绘出被测截面的轮廓图形。

（2）圆柱度测量。

① 在被测圆柱面上等距离布置若干测截面（截面数不少于 3），在各截面上偶数均布若干个测点（测点数不少于 24），从第一截面开始自零度起依次采入各测点半径差数据。

② 在传感器位置不作任何调整的情况下，移动拖板将传感器移至下一个被测截面，仍从零度起始依次采入该截面各测点的数据。如此依次采集完毕各截面的数据。

③ 系统自动进入数据处理运算评定状态，计算评定完毕后打印出该圆柱面的圆柱度误差及有关数据，并可绘出被测圆柱面圆柱度的图形。

（3）圆跳动测量。

① 测量径向圆跳动应使测头轴线与被测件轴线垂直；测端面圆跳动应使测头轴线与被测件轴线平行；测斜向圆跳动应使测头轴线与被测件素线垂直；

② 转动刻度盘，使零件回转一周，零件回转一周中，读取指示计的最大、最小读数值，其差值即为相应的圆跳动值。

③ 如上测量若干个位置，以在各个位置测得的跳动量中的最大者为被测件的圆跳动值。

④ 数据采集与处理。

（4）径向全跳动测量。

① 在被测圆柱面上布置若干个截面，在第一截面上读取或采入最大、最小读数值。

② 在传感器位置不作任何调整的情况下，移动拖板将传感器移至下一个截面，读取或采入该截面的最大、最小读数值。如此依次采集完毕各截面的最大、最小读数值。

③ 由系统自动计算找出各截面所有读数值中最大值和最小值，其差值即为径向全跳动值。

六、注意事项

（1）合金顶尖表面不能磕碰。

（2）导轨要清洁、润滑。

（3）装卡被测件时要拧紧顶尖下方的手柄，防止顶尖座后滑；右顶尖的弹簧压力应适当，不可太松，也不宜过紧。

（4）测量时，转动分度盘和移动拖板均应单向驱动。

七、实验报告内容

（1）通过采集系统直接读出相应的形位误差并绘制相应的误差曲线。

（2）在测量中，公共轴心线是如何体现的？可否用 V 形铁支承轴进行测量？

实验二十二　螺纹主要参数的测量实验

一、实验目的

（1）了解大型工具显微镜的结构及测量原理。
（2）掌握用影像法测量螺纹主要参数的方法及数据处理。
（3）加深对普通螺纹精度参数定义的理解。

二、实验设备及说明

实验设备为大型工具显微镜，如图 22.1 所示。它属于光学机械式测量仪，主要用来测量各种形状复杂的样板、模具、凸轮和螺纹各主要参数及各种工件的圆弧半径、孔径、孔心距等。测量不同种类的工件应选用不同附件和不同放大倍数（1×、1.5×、3×、5×）的物镜。仪器附有测角目镜、轮廓目镜、双像目镜及 R 轮廓目镜。

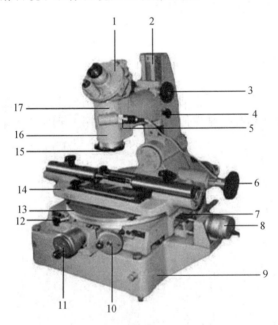

图 22.1　大型工具显微镜外观图

1—测角目镜；2—立柱；3—调焦手轮；4—锁紧螺钉；5—角度目镜光源；6—立柱偏转手轮；7—扩大量程量块；
8—纵向测微手轮；9—底座；10—转动工作台手轮；11—横向测微手轮；12—工作台锁紧螺钉；
13—工作台；14—顶尖架；15—微调焦手轮；16—物镜；17—悬臂

大型工具显微镜的基本度量指标：

横向行程（应用测微计及量块）0～50 mm；

纵向行程（应用测微计及量块）0～150 mm；

测角目镜角度示值范围 0～360°；

纵横向测微计分度值 0.01 mm；

测角目镜分度值 1′。

三、实验原理

图 22.2 为仪器的光路系统图。由主光源发出的光经聚光镜、滤色片、透镜、光阑、反射镜、透镜和玻璃工作台，将被测工件的轮廓经物镜、反射棱镜投射到目镜的焦平面的分划板上，从而在目镜中观察到放大的轮廓影像。另外，也可用反射光源照亮被测工件，以工件表面上的反射光线，经物镜、反射棱镜投射到目镜的焦平面上，同样在目镜中观察到放大的轮廓影像。

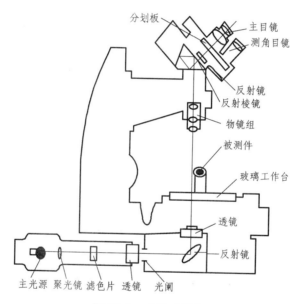

图 22.2　光路系统图

图 22.3（a）为仪器测角目镜外形图。它由玻璃分划板、中央目镜、角度读数目镜、反射镜和分划板调节手轮等组成。测角目镜的内部结构原理如图 22.3（b）所示，从中央目镜可观察到被测工件的轮廓影像和分划板的米字刻线，如图 22.3（c）所示。从角度读数目镜，可以观察到分划板上 0°～360° 的度值刻线和固定游标分划板上 0～60 的分值刻线，如图 22.3（d）所示。转动手轮，可使刻有米字刻线和度值刻线的分划板转动，它转动的角度可以从角度读数目镜中读出。当该目镜中固定游标的零刻线与度值刻线的零位对准时，则米字线中间虚线 A—A 正好与工作台的横向测量方向一致，B—B 向虚线正好与工作台的纵向测量方向一致。被测螺纹用顶尖架安装在工作台上，通过调整可保证螺纹轴向与纵向测量方向一致，螺纹径向与横向测量方向一致。

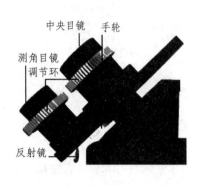

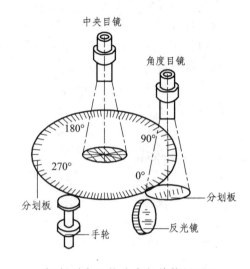

（a）测角目镜外形图 　　　　　（b）测角目镜的内部结构原理图

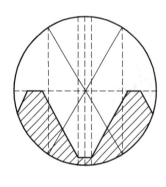

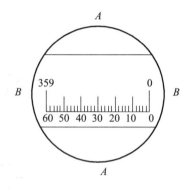

（c）中央目镜 　　　　　（d）角度目镜

图 22.3 目镜外形图及内部结构原理图

四、实验步骤

1. 测量前的准备

（1）安装附件顶尖架，擦净仪器及被测螺纹，将工件小心地安装在两顶尖之间，拧紧顶尖的紧固螺钉（要当心工件掉下砸坏工作台。同时，检查工作台圆周刻度是否对准零位）。

（2）接通电源。

（3）用调焦筒（仪器专用附件）调节主光源，旋转主光源外罩上的 3 个调节螺钉，直至灯丝位于光轴中央成像清晰，则表示灯丝已位于光轴上并在聚光镜的焦点上。

（4）根据被测螺纹尺寸，从仪器说明书中查出适宜的光阑直径，然后调好光阑的大小。

（5）如图 22.3（a）所示，偏转反射镜测角目镜最亮，调整中央目镜和角度目镜上的调节环使米字线和度值、分值刻线清晰。

（6）如图 22.1 所示，调节纵横向测微手轮 8、11，使被测螺纹牙形进入中央日镜视野，米字线交点在牙侧中部。

（7）如图 22.1 所示，松开悬臂与立柱的锁紧螺钉 4，上下旋转调焦手轮 3，调整仪器的焦距，使被测轮廓影像最清晰，然后旋紧锁紧螺钉 4。

（8）如图 22.1 所示，为了牙形轮廓左右同样清晰，前后转动立柱偏转手轮 6，使立柱顺着螺旋线方向倾斜一个螺旋升角。

2. 测量螺纹主要参数

（1）测量牙形半角。

螺纹的牙形半角 $\alpha/2$ 是指在螺纹牙形上，牙侧与螺纹轴线的垂线间的夹角。测量时，转动纵向和横向测微手轮 8、11，使米字线交点在牙侧中部，当角度目镜中读值为零时（此时中央目镜 A—A 向虚线大致与螺纹轴线的垂直方向一致）如图 22.4（a）所示；调节分划板调节手轮，使角度目镜中的角度值为 330°（此时 A—A 向虚线方向与理论牙形右半角方向一致），然后调节纵向测微手轮，使 A—A 向中间虚线靠近牙形右侧直到有线段与牙侧靠线，如果实际半角有偏差，如图 22.4（b）所示，配合调节分划板调节手轮和纵向测微手轮使目镜中的 A—A 向中间虚线通过靠线的方法与螺纹投影牙形的右侧靠齐，如图 22.4（c）所示。此时，角度读数目镜中显示的读数，即为该牙侧的右半角数值。

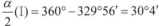

$$\frac{\alpha}{2}(\mathrm{I}) = 360° - 329°56' = 30°4'$$

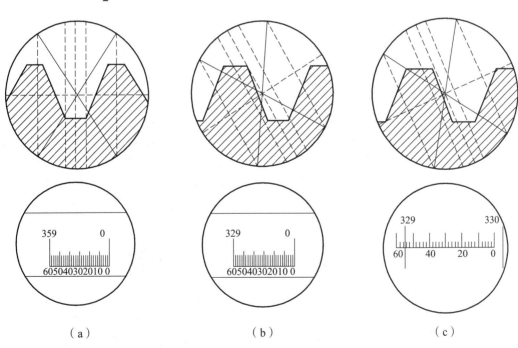

| （a） | （b） | （c） |

图 22.4　测量牙形右半角

调节分划板调节手轮使角度目镜中的角度值为 30°，方法同上靠线测牙形左半角，如图 22.5 所示。

$$\frac{\alpha}{2}(\text{I}) = 30°4', \quad \frac{\alpha}{2}(\text{左}) = \frac{\frac{\alpha}{2}(\text{I}) + \frac{\alpha}{2}(\text{IV})}{2}, \quad \frac{\alpha}{2}(\text{右}) = \frac{\frac{\alpha}{2}(\text{II}) + \frac{\alpha}{2}(\text{III})}{2}$$

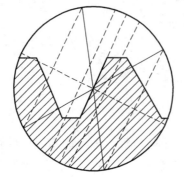
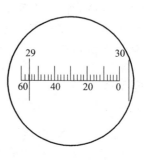

图 22.5　测量牙形左半角

如图 22.6 所示，为了消除被测螺纹的安装误差的影响，需分别测出 $\frac{\alpha}{2}(\text{I})$、$\frac{\alpha}{2}(\text{II})$、$\frac{\alpha}{2}(\text{III})$、$\frac{\alpha}{2}(\text{IV})$…并按下述方式处理：在螺纹轴线上方测完两个牙形半角后，要先将立柱反方向倾斜一个螺旋升角再开始测量，方法同上。

（2）测量中径。

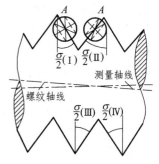

图 22.6　消除被测螺纹的安装误差

螺纹中径 d_2 是一个假想圆柱的直径。该圆柱的母线通过牙形上沟槽和凸起宽度相等的地方。对于单线螺纹，它的中径也等于在轴截面内沿着与轴线垂直的方向量得的两个相对牙形侧面间的距离。

为了使轮廓影像清晰，需将立柱顺着螺旋线方向倾斜一个螺旋升角，测量时，转动纵横向测微手轮与分划板手轮使主目镜中的 $A—A$ 向中间虚线与螺纹投影牙形的一侧靠线（见图 22.5），微动横向测微手轮压线，记下横向测微手轮的第一次读数，如图 22.7 所示。然后，将显微镜立柱反向倾斜螺旋升角，转动横向测微手轮，使 $A—A$ 向虚线与对面牙形轮廓压线，记下横向第二次测微手轮读数。两次读数之差，即为螺纹的实际中径。为了消除被测螺纹安装误差的影响，须测出 $d_{2左}$ 和 $d_{2右}$，取两者的平均值，各测量位置如图 22.8 所示。

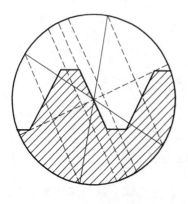
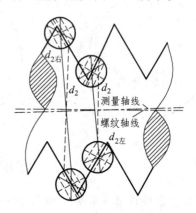

图 22.7　压线示意图　　　　图 22.8　中径测量位置图

148

（3）测量螺距。

螺距 P 是指相邻两牙在中径线上对应两点间的轴向距离。测量时，转动纵横向测微手轮与分划板手轮使目镜中的 A—A 向中间虚线与螺纹投影牙形的一侧靠线（见图 22.5），微动纵向测微手轮压线，记下纵向测微手轮的第一次读数，如图 22.7 所示。然后，将显微镜立柱反向倾斜螺旋升角，转动纵向测微手轮，使 A—A 向虚线与对面牙形轮廓压线，记下纵向第二次测微手轮读数。两次读数之差，即为螺纹的实际螺距。为了消除被测螺纹安装误差的影响，须测出 $P_{(左)}$ 和 $P_{(右)}$，取两者的平均值，各测量位置如图 22.9 所示。

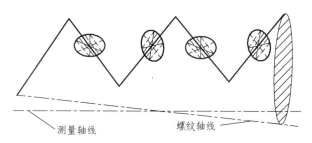

图 22.9　螺纹测量位置图

五、测量数据的处理与被测件合格性的判断

半角按下述方式处理：

$$\frac{\alpha}{2}(左) = \frac{\alpha}{2}(左) - 30°$$

$$\frac{\alpha}{2}(右) = \frac{\alpha}{2}(右) - 30°$$

中径按下述方式处理：

$$d_{2(实际)} = \frac{d_{2(左)} + d_{2(右)}}{2}$$

$$d_{2(实际)} = d_{2(实际)} - d_{2(理论)}$$

螺距按下述方式处理：

$$P_{2(实际)} = \frac{P_{左(实际)} + P_{右(实际)}}{2}$$

$$P_{(实际)} = P_{(理论)} - P_{(实际)}$$

按图纸的技术要求判断螺纹的合格性。

实验二十三　圆柱齿轮的测量实验

一、实验目的

（1）了解齿轮各项误差的含义、评定及其对齿轮传动性能的影响。

（2）了解各种齿轮测量仪器的工作原理及其使用方法。

（3）熟悉齿轮精度标准。

二、实验要求

（1）齿轮齿距偏差 Δf_{pt} 和齿距累积误差 Δf_p 的测量。

（2）齿圈径向跳动 ΔF_r 的测量。

（3）齿轮公法线长度变动量 ΔF_w 和公法线平均长度偏差 ΔE_{wm} 的测量。

三、齿轮齿距偏差 Δf_{pt} 和齿距累积误差 Δf_p 的测量

齿距偏差 Δf_{pt} 是指分度圆上实际齿距与公称齿距之差。用相对量法测量时，以被测齿轮所有实际齿距的平均值作为公称齿距。

齿距累积误差 Δf_p 是指任意两同侧齿廓在分度圆上的实际弧长与公称弧长的最大差值（取绝对值）。

测量齿距误差的方法有绝对量法和相对量法。对中等模数的齿轮多采用相对量法。

相对量法是在被测齿轮分度圆附近的圆周上，任意取两相邻之间的实际齿距作为基准，再依次量出其余各齿距相对此基准齿距的偏差（齿距相对偏差），通过数据处理得到 Δf_{pt} 和 Δf_p。

用于相对测量的常用仪器有齿距仪和万能测齿仪。本实验采用万能测齿仪。

在万能测齿仪上测量周节的工作原理如图 23.1 所示。被测齿轮装于心轴上，安放在仪器上下顶针之间（图中未画出顶针），在仪器的测量托架上装有与指示表 4 相连的活动量头 1 和固定量头 2，被测齿轮在重锤和牵引线的作用下，使齿面与测量头接触进行测量。

测量前先选定任一齿距作为基准，调节测量托架和固定量头 2 的位置，使活动量头 1 和固定量头 2 沿齿轮径向大致位于分度圆附近，将指示表 4 调零。

测完一齿后，将测量托架沿径向退出，使齿轮转过一齿后再进入齿间，直到测完一周回复到基准齿距，此时指示表的指针仍应在零位。

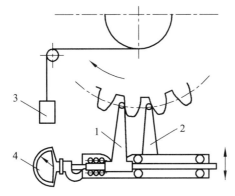

图 23.1 万能测齿仪

1—活动量头；2—固定量头；3—重锤；4—指示表

注意：由于重锤的作用，每次将测量托架退出时，要用手扶住齿轮，以免损坏测量头。

测量数据的处理有计算法和作图法两种。现以测量模数为 3 mm，齿数为 12 的齿轮为例说明如下：

1. 计算法

计算法一般均采用列表计算。首先将实测的一系列齿距相对偏差 $\Delta f_{pt相对}$ 值列于表 23.1 中，然后进行计算。

表 23.1 计算法列表计算

步骤 齿序 n	一 测得齿距相对偏差 $\Delta f_{pt相对}$	二 齿距相对偏差累积 $\sum\limits_{1}^{n} \Delta f_{pt相对}$	三 齿距偏差 $\Delta f_{pt相对} - K_p$	四 齿距累积误差 Δf_p
1	0	0	+ 4	+ 4
2	+ 5	+ 5	+ 9	+ 13
3	+ 5	+ 10	+ 9	+ 22
4	+ 10	+ 20	+ 14	+ 36
5	− 20	0	− 16	+ 20
6	− 10	− 10	− 6	+ 20
7	− 20	− 30	− 16	+ 14
8	− 18	− 48	− 14	− 16
9	− 10	− 58	− 6	− 22
10	− 10	− 68	− 6	− 28
11	+ 15	− 53	+ 19	− 9
12	+ 5	− 48	+ 9	0

（1）将步骤一中的$\Delta f_{pt相对}$累积相加，求得各齿的齿距相对偏差累积值，列于表步骤二中。

（2）计算基准齿距的偏差值K_p。作为基准的齿距是任意选取的，不可能没有误差。若它与公称齿距的偏差为K_p，则每测一齿均引入一个差值K_p，到最后一齿时，其总差值为

$$\sum_1^n \Delta f_{pt相对} = ZK_p$$

所以 $$K_p = \frac{\sum_1^n \Delta f_{相对}}{Z} = \frac{-48}{12} = -4 \ (\mu m)$$

（3）计算各齿的齿距偏差。各齿的齿距相对偏差减去K_p值，便得到各齿的齿距偏差，列于表步骤三中。其中绝对值最大者为该齿轮的齿距偏差Δf_{pt}，本例为$\Delta f_{pt} = +19 \ \mu m$。

（4）计算齿轮的齿距累积误差。将步骤三中的齿距偏差累计相加，即求得各齿的绝对齿距累积误差，列于步骤四中。在步骤四中，数据最大值减最小值便是被测齿轮的齿距累积误差ΔF_p，本例为$\Delta F_p = (+36) \ \mu m - (-28) \ \mu m = 64 \ \mu m$，发生在第4齿和第10齿之间。

2. 作图法

作图法是直接利用测得的一系列$\Delta f_{pt相对}$相对画出曲线，如图23.2所示。

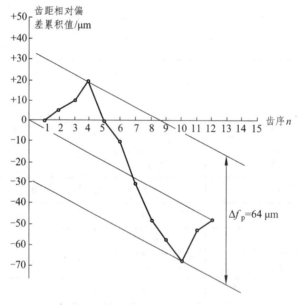

图23.2　作图法

以纵坐标表示齿距相对偏差累积值，横坐标表示齿序n。第1齿的$\Delta f_{pt相对}$为零，故纵坐标为0；第2齿的纵坐标为第1齿的纵坐标加上本齿序的$\Delta f_{pt相对}$值；第3齿的纵坐为第2齿的纵坐标加上本齿序的$\Delta f_{pt相对}$值，按同样的方法画出各齿的纵坐标并连成折线。再将图23.2的坐标原点与最末一点连成直线，该直线即为计算齿距累积误差的基准线，过折线上的最高点和最低点作两平行于首尾两点连线的直线，该两平行线沿纵坐标方向的距离即为齿轮齿距累积误差ΔF_p。

3．实验步骤

（1）擦净被测齿轮，并装于顶尖之上。

（2）调整测量托架，使两量头进入齿间，与相邻的同侧齿面大约在分度圆上接触。

（3）在齿轮心轴上加挂重锤，使齿轮紧靠在定位测头上。

（4）以任一齿距作为基节，调整指示表指针为零。

（5）退出测量托架，使齿轮转过一齿，两量头重新与下一对齿面接触，依次逐齿测量一周，从指示表读出被测齿距的相对偏差值。

（6）用计算法和作图法处理数据，查阅齿轮公差表格，并判断 Δf_{pt} 和 ΔF_p 是否合格。

4．思考题

（1）测量 Δf_{pt} 和 ΔF_p 有何意义？它们对齿轮传动有何影响？

（2）K_p 值说明什么？在作图法中如何求得 K_p 值？

四、齿圈径向跳动 ΔF_r 的测量

齿圈径向跳动 ΔF_r 是指在齿轮一转范围内，量头在齿槽内或轮齿上，与齿高中部双面接触，量头相对于齿轮轴线的最大变动量。这种误差将使齿轮在传动一周范围内传动比发生变化。

为了测量齿圈径向跳动，首先应建立测量安装基准，用它来体现齿轮旋转中心；其次应有合适的量头，能在齿高中部和齿面作双面接触；然后还应有读数装置能反映量头相对齿轮旋转中心的位置（半径）变化量，如图 23.3 所示。

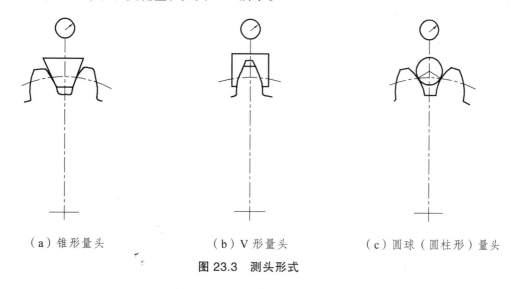

（a）锥形量头　　　　　（b）V形量头　　　　　（c）圆球（圆柱形）量头

图 23.3　测头形式

本实验采用齿圈径向跳动仪来测量 ΔF_r，如图 23.4 所示。

仪器备有不同大小的锥形量头用于测量不同模数的齿轮。利用仪器上旋转回转盘和附件，不但可以测量外齿轮，还可以测量内齿轮、锥齿轮的齿圈径向跳动和各种圆跳动。

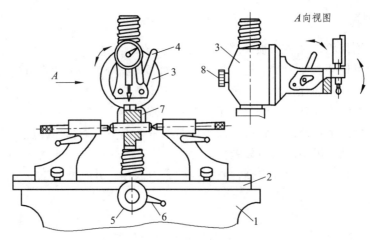

图 23.4　齿圈径向跳动检查仪

1—底座；2—顶针座板；3—千分表架；4—提升手柄；5，6—旋转手轮；7—升降调节螺母；8—紧固螺钉

1. 测量步骤

（1）根据被测齿轮的模数，选择合适的量头，擦净并装于指示表量杆的下端。

（2）把擦净的齿轮通过心轴装在仪器的两顶尖之间，应能自由旋转，不允许有轴向窜动。

（3）旋转手轮 5 调整顶针座板 2 的位置，使指示表量头位于齿宽中部。

（4）通过升降调节螺母 7 和提升手柄 4，调整指示表，使量头与齿槽两齿面接触，并将指示表指针压缩一圈左右。

（5）抬动提升手柄若干次，观察指示表指针值是否有变动。

（6）按顺序测量各齿槽，记录指示表读数。

（7）处理测量数据并判断合格性。合格条件为 $\Delta F_{\mathrm{r}} \leqslant F_{\mathrm{r}}$。

2. 思考题

（1）产生齿轮齿圈径向跳动的主要原因是什么？它对齿轮传动有何影响？

（2）如改用球形量头，如图 23.3（c）所示，为了使量头与齿槽在分度圆上与齿面双面接触，量头直径与被测齿模数应保持何种关系？

（3）在车间中如无齿圈径向跳动测量仪时，如何测量 ΔF_{r}？

五、变动量 ΔF_{w} 和公法线平均长度偏差 ΔE_{wm} 的测量

齿轮公法线长度是指与两异名齿廓相切的两平行平面间的距离。公法线长度可用公法线千分尺测量。

公法线千分尺实际上是具有两个平行圆盘测头的千分尺。其外形如图 23.5 所示。

公法线长度变动量是指在齿轮一周范围内，实际公法线长度的最大值 $W_{\max}$ 和最小值 $W_{\min}$ 之差。

公法线平均长度偏差 ΔE_{wm} 是指在齿轮一周内，公法线实际长度的平均值与公称值之差。

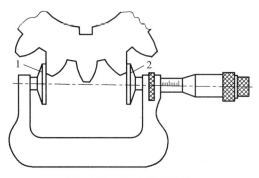

图 23.5 公法线千分尺

1—固定测量圆盘；2—活动测量圆盘

1. 测量步骤

（1）计算被测直齿圆柱齿轮公法线长度 W，当齿形角 $\alpha = 20°$ 时，

$$W = m[1.476(2k-1) + 0.014z] + 2xm\sin 20°$$

式中　x——变位系数。

　　　　k——两平行测面之间的跨齿数。为使两平行测面接触在高齿中部，k 可按 $k = \dfrac{z}{9} + 0.5$ 确

　　　　　　定（计算的结果应按四舍五入取整数）。

（2）用仪器所附校对棒校对公法线千分尺的零位。

（3）沿齿圈均布的 6 个方位测量齿轮公法线的实际长度，读数并记录。

（4）在测得的 6 个读数中，最大值和最小值之差即为公法线长度变动量 ΔF_w，该 6 个读数的平均值减公法线的公称长度即得公法线平均长度偏差。

（5）合格条件：$\Delta F_w \leqslant F_w$，　$\Delta E_{wmi} \leqslant \Delta E_{wm} \leqslant \Delta E_{wms}$。

2. 思考题

（1）ΔF_w 和 ΔE_w 对齿轮传动各有什么影响？

（2）为什么不能单独用 ΔF_w 来评定齿轮传递运动的准确性？

第六部分

液压与气压传动课程实验

实验二十四　液压元件的认识与拆装实验

一、实验目的

液压元件是液压系统的重要组成部分，通过对液压泵的拆装可加深对泵结构及工作原理的了解。并能对液压泵的加工及装配工艺有一个初步的认识。

二、实验工具及元件

内六角扳手、固定扳手、螺丝刀、轴（孔）用弹性挡圈钳及各类液压泵、液压阀。

三、实验内容及步骤

拆装各类液压元件，观察和了解各零件在液压部件中的作用，了解各种液压部件的工作原理，按一定的步骤装配各类液压部件。

1. 轴向柱塞泵

型号：10SCY14-1B 型手动变量轴向柱塞泵。其结构图及实物剖切图如图 24.1 和图 24.2 所示。

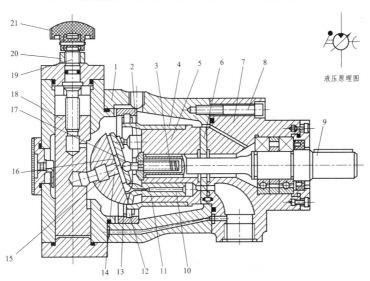

图 24.1　液压泵结构图

1—中间阀体；2—内套；3—定心弹簧；4—钢套；5—回转缸体；6—配油盘；7—前泵体；8—螺钉；
9—传动轴；10—柱塞；11—套筒；12—滚柱轴承；13—滑履；14—销轴；15—回程盘；
16—斜盘；17—钢球；18—变量柱塞；19—丝杠；20—螺母；21—手轮

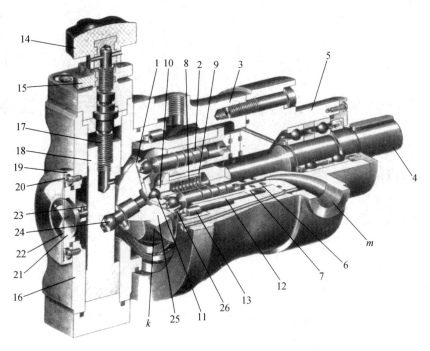

图 24.2 10SCY14-1B 型轴向柱塞泵实物剖切图

1—滑履；2—柱塞；3—泵体；4—传动轴；5—前泵体；6—配油盘；7—缸体；8—定心弹簧；9—外套；
10—内套；11—钢球；12—钢套；13—滚柱轴承；14—手轮；15—螺母；16—变量壳体；
17—丝杆；18—变量柱塞；19—后盖；20—螺钉；21—刻度盘；22—盖板；
23—拨叉；24—销轴；25—斜盘；26—回程盘

液压泵主要规格及技术参数如表 24.1 所示。

表 24.1 液压泵主要规格及技术参数

规格型号	额定压力/MPa	排量/mL·r⁻¹	额定转速/r·min⁻¹	质量/kg
10SCY14-1B		10		20
25SCY14-1B	32	25	1 500	37
63SCY14-1B		63		65

（1）轴向柱塞泵工作原理如图 24.1 所示。

当油泵的传动轴 9 通过电机带动旋转时，回转缸体 5 随之旋转，由于装在缸体中的柱塞 10 的球头部分上的滑履 13 被回程盘压向斜盘，因此柱塞 10 将随着斜盘的斜面在回转缸体 5 中做往复运动。从而实现油泵的吸油和排油。油泵的配油是由配油盘 6 实现的。改变斜盘的倾斜角度就可以改变油泵的流量输出，改变斜盘的倾角的方向就能改变泵的吸、压油的方向。

（2）柱塞泵内部零件拆装实物流程如图 24.3 所示。

（3）轴向柱塞泵拆装注意事项。

① 如果有拆装流程图，请参考流程图进行拆装。

② 仅有元件结构图或没有结构图的，拆装时请记录元件及解体零件的拆卸顺序和方向。

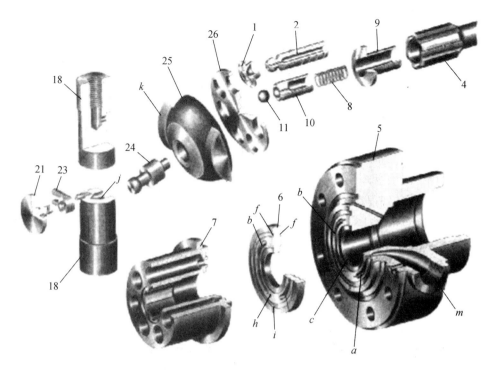

图 24.3　10SCY14-1B 型轴向柱塞泵内部零件拆装实物流程图

1—滑履；2—柱塞；4—传动轴；5—前泵体；6—配油盘；7—缸体；8—定心弹簧；9—外套；10—内套；
11—钢球；18—变量柱塞；21—刻度盘；23—拨盘；24—销轴；25—斜盘；26—回程盘

③ 拆卸下来的零件，尤其是泵体内的零件，要做到不落地、不划伤、不锈蚀等。

④ 在需要敲打某一零件时，请用铜棒垫在零件表面上进行传力，不能用铁锤直接敲打零件表面。

⑤ 拆卸（或安装）一组螺钉时用力要均匀。

（4）主要零部件分析，如图 24.3 所示。

① 缸体 7。

缸体 7 用铝青铜制成，它是泵的核心零件。缸体上有 7 个与柱塞相配合的缸孔，其配合精度较高，以保证既能做相对运动，又有良好的密封性能。缸体中心开有花键孔，与传动轴 4 相配合。缸体右端面与配油盘 6 相配合。缸体外面镶有钢套 12 并装在传动轴 4 上。

② 配油盘 6。

配油盘 6 是使柱塞泵完成吸、压油的关键部件之一。这种配流方式称为端面配流。要求端面与缸体端面有较好的平面度和较高的表面粗糙度，以保证既能做相对运动，又有良好的密封性能。配油盘上开有两条月牙形槽 Ⅰ 和 Ⅱ，它们分别与缸体吸、压油管相通。外圈的环形槽 f 是卸荷槽，与回油相通，以减少缸体与配油盘之间油液压力的作用，保证两者能紧密配合。

在配油盘上开有两个通孔 a 和 b，它们是由直径为 d_1 和 d_2 的两个小孔组成的。a 孔与月牙形槽 Ⅰ 相通，b 孔与月牙形槽 Ⅱ 相通（是通过右泵盖上开槽使之连通的）。由于小孔的阻尼作用，可以消除泵的困油现象，从而降低泵的噪声。为配合两个通孔起到消除泵的困油现象，在安装配油盘时，将配油盘的对称轴相对于斜盘的垂直轴沿缸体旋转 5°~6°。为保证这个相对关系，在配油盘下端铣一缺口，通过它用销子与右泵盖准确定位。

③ 柱塞 2 与滑履 1。

柱塞 2 的球头与滑履 1 铰接。滑履跟随柱塞做轴向运动，并以柱塞球头为中心自由摆动，使滑履的平面与斜盘 25 的斜面保持方向一致。柱塞和滑履中心均有 1 mm 的小孔，缸中压力油可通过小孔进入柱塞和滑履、滑履和斜盘的相对滑动表面，起静压支承作用，从而大大减小了这些零件的磨损。

④ 滚柱轴承 13。

滚柱轴承 13 承受斜盘 25 作用在缸体的径向力，这样可以减少配油盘端面上的不均匀磨损，并保证缸体与配油盘的良好配合。

⑤ 定心弹簧 8 和回程盘 26。

定心弹簧 8 通过内套 10 及钢球 11 顶住回程盘 26，而回程盘 26 使滑履 1 紧贴斜盘 25，使柱塞得到回程运动。同时，定心弹簧 8 又通过外套 9 使缸体 7 紧贴配油盘 6，以保证泵启动时基本无泄露。

⑥ 变量机构。

变量柱塞 18 装在变量壳体 16 内，并与丝杠 17 相连。斜盘 25 的两个耳轴支承在变量壳体 16 的两个圆弧导规上，并以耳轴中心线为轴摆动，使其达到变量的目的。转动手轮 14 时，通过丝杠 17 可使变量柱塞 18 做轴向移动，通过连接变量柱塞和斜盘的销轴 24 使斜盘绕钢球 11 的中心摆动，从而改变斜盘的倾角，达到调节液压泵输出流量的目的。

（5）10SCY14-1B 型轴向柱塞泵的装配。

10SCY14-1B 型轴向柱塞泵的装配顺序与拆卸顺序相反，安装前要给元件去毛刺，以免不宜装配；检查密封元件有无老化，如有应及时更换；装配结束后检查有无漏装零件，然后运转该泵，观察有无异常情况；最后让实验指导教师检查。

2. 齿轮泵

型号：CB-B 型齿轮泵。其结构图及实物图如图 24.4 和图 24.5 所示。

（1）齿轮泵工作原理。

在吸油腔，轮齿在啮合点相互从对方齿谷中退出，密封工作空间的有效容积不断增大，完成吸油过程。在排油腔，轮齿在啮合点相互进入对方齿谷中，密封工作空间的有效容积不断减小，实现排油过程。

（2）CB-B 型齿轮泵拆卸流程图，如图 24.6 所示。

（3）齿轮泵拆卸注意事项。

① 仅有元件结构图或没有结构图的，拆装时请记录元件及解体零件的拆卸顺序和方向。

② 拆卸下来的零件，尤其是泵体内的零件，要做到不落地、不划伤、不锈蚀等。

③ 在需要敲打某一零件时，请用铜棒垫在零件表面上进行传力，不能用铁锤直接敲打零件表面。

④ 拆卸（或安装）一组螺钉时用力要均匀。

（4）CB-B 型齿轮泵的装配。

CB-B 型齿轮泵的装配顺序与拆卸顺序相反，安装前要给元件去毛刺，以免不宜装配；检查密封元件有无老化，如有应及时更换；在装传动轴与短轴时，位置不要装反；装中间的泵体时方向不要装反，有的零件有定位槽孔的要对准。装配结束后检查有无漏装零件，然后运转泵，观察有无异常情况；最后让实验指导教师检查。

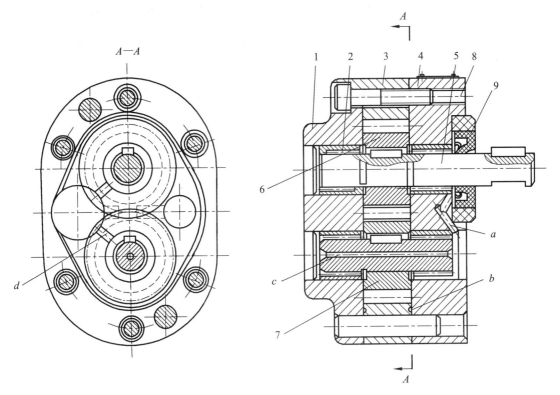

图 24.4　齿轮泵结构图

1—左泵盖；2—垫；3—泵体；4—右泵盖；5—主动轴；6，7—齿轮；8—螺钉；9—密封圈

图 24.5　齿轮泵实物图

图 24.6　CB-B 型齿轮泵拆卸流程实物图

1,3—前后泵盖；2—泵体；4—压环；5—密封圈；6—传动轴；7—主动齿轮；8—支承轴；
9—从动齿轮；10—滚针轴承

3. 双作用叶片泵

型号：YB1 型双作用叶片泵。其结构图、拆卸流程图及实物图如图 24.7 ~ 24.9 所示。

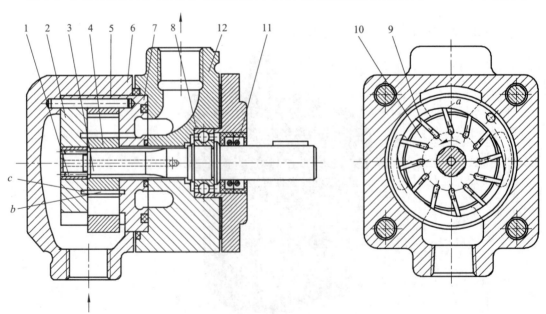

图 24.7　YB1 型双作用叶片泵结构图

1,8—轴承；2,7—配油盘；3—传动轴；4—定子；5—定位销；6—后泵体；9—叶片；
10—转子；11—密封圈；12—前阀体

（1）双作用叶片泵工作原理。

如图 24.7 所示，当传动轴 3 带动转子 10 转动时，装于转子叶片槽中的叶片在离心力和叶片底部压力油的作用下伸出，叶片顶部紧贴于定子表面，沿着定子曲线滑动。叶片往定子的长轴方向运动时叶片伸出，使得由定子 4 的内表面、配油盘 2 和 7、转子和叶片所形成的密闭容腔不断扩大，通过配油盘上的配油窗口实现吸油。往短轴方向运动时叶片缩进，密闭容腔不断缩小，通过配油盘上的配油窗口实现排油。转子旋转一周，叶片伸出和缩进两次。

（2）YB1 型双作用叶片泵拆卸流程图，如图 24.8 所示。

图 24.8　YB1 型双作用叶片泵拆卸流程图

1，7—前后泵体；2，6—配油盘；3—叶片；4—转子；5—定子；8—泵盖；9，12—滚动轴承；
10—密封防尘圈；11—传动轴；13—螺钉

图 24.9　YB1 型双作用叶片泵实物图

（3）YB1型双作用叶片泵齿轮泵拆卸注意事项。

① 仅有元件结构图或没有结构图的，拆装时请记录元件及解体零件的拆卸顺序和方向。

② 拆卸下来的零件，尤其是泵体内的零件，要做到不落地、不划伤、不锈蚀等。

③ 需要敲打某一零件时，请用铜棒垫在零件表面上进行传力，不能用铁锤直接敲打零件表面。

④ 拆卸（或安装）一组螺钉时用力要均匀。

（4）YB1型双作用叶片泵的装配注意事项。

YB1型双作用叶片泵的装配顺序与拆卸顺序相反，安装前要给元件去毛刺，以免不宜装配；检查密封元件有无老化，如有应及时更换；在装上下配油盘时，注意上面的销孔要与中间定子的销孔位置对齐；在装中间转子时注意方向不要装反；装配结束后检查有无漏装零件，然后运转泵，观察有无异常情况；最后让实验指导教师检查。

4. 液压阀拆装

（1）溢流阀。

型号：P-B63B型直动式溢流阀和Y-25B型先导式溢流阀。

P-B63B型直动式溢流阀结构图及实物图如图24.10和图24.12所示；Y-25B型先导式溢流阀结构图及实物图如图24.11和图24.13所示。

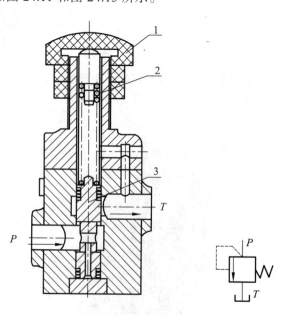

图24.10 直动式溢流阀结构图

1—调整螺母；2—弹簧；3—阀芯

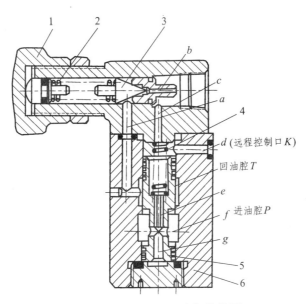

图 24.11　先导式溢流阀结构图

1—调整螺母；2—弹簧；3—先导阀芯；4—主阀弹簧；5—主阀芯；6—主阀体

图 24.12　直动式溢流阀实物图

图 24.13　先导式溢流阀实物图

① 直动式溢流阀与先导式溢流阀工作原理。

直动式溢流阀是依靠系统中的压力油直接作用在阀芯上与弹簧力相平衡，以控制阀芯的启闭动作的溢流阀。

先导式溢流阀油液从进油口 P 进入，经阻尼孔 e 及孔道 c 到达先导阀的进油腔（在一般情况下，外控口 K 是堵塞的）。当进油口压力低于先导弹簧调定压力时，先导阀关闭，阀内无油液流动，主阀芯上、下腔油压相等，因而它被主阀弹簧抵住在主阀下端，主阀关闭，阀不溢流。当进油口 P 的压力升高时，先导阀进油腔油压也升高，直至达到先导阀弹簧的调定压力时，先导阀被打开，主阀芯上腔油经先导阀口及阀体上的孔道 a，由回油口 T 流回油箱。主阀芯下腔油液则经阻尼小孔 e 流动，由于小孔阻尼大，使主阀芯两端产生压力差，主阀芯便在此压力差的作用下克服其弹簧力上抬，主阀进、回油口连通，达到溢流和稳压的作用。

② 直动式溢流阀（见图 24.14）与先导式溢流阀（见图 24.15）拆卸流程图。

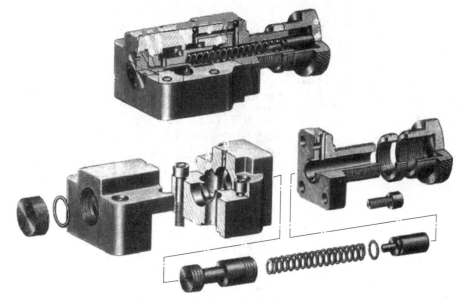

图 24.14　直动式溢流阀拆卸流程图

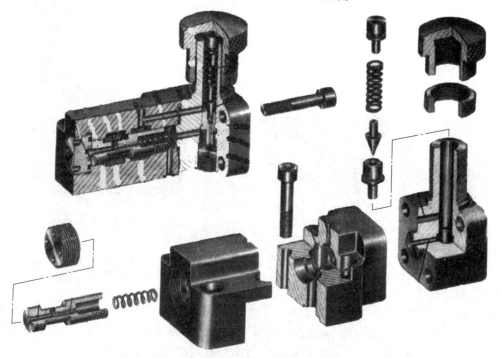

图 24.15　先导式溢流阀拆卸流程图

③ 直动式溢流阀与先导式溢流阀拆卸注意事项。

a. 仅有元件结构图或没有结构图的，拆装请记录元件及解体零件的拆卸顺序和方向。

b. 拆卸下来的零件，尤其是阀体内的零件，要做到不落地、不划伤、不锈蚀等。

c. 拆卸（或安装）一组螺钉时用力要均匀。

d. 在拆卸阀体内的弹簧时，注意安全，不要让其弹出，以免伤人。

④ 直动式溢流阀与先导式溢流阀装配注意事项。

直流式溢流阀与先导式溢流阀的装配顺序与拆卸顺序相反，安装前要给元件去毛刺，以免不宜装配；检查密封元件有无老化，如有应及时更换；装配结束后检查有无漏装零件，然后运转阀，观察有无异常情况；最后让实验指导教师检查。

（2）减压阀。

型号：J-10B 型先导式减压阀，其结构及实物图如图 24.16 和图 24.17 所示。

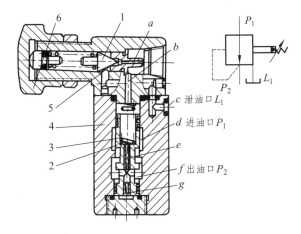

图 24.16　减压阀结构图

1—先导阀芯；2—主阀芯；3—弹簧；4—主阀体；5—阀座；6—调压手轮

图 24.17　减压阀实物图

① 减压阀工作原理。

进口压力 p_1 经减压缝隙减压后，压力变为 p_2，经主阀芯的轴向小孔 a 和 b 进入主阀芯的底部和上端(弹簧侧)，再经过阀盖上的孔和先导阀阀座上的小孔 c 作用在先导阀的锥阀体上。当出口压力低于调定压力时，先导阀在调压弹簧的作用下关闭阀口，主阀芯上下腔的油压均等于出口压力，主阀芯在弹簧力的作用下处于最下端位置，滑阀中间凸肩与阀体之间构成的减压阀阀口全开不起减压作用。

② J-10B 型先导式减压阀拆卸流程图如图 24.18 所示。

③ 先导式减压阀拆卸注意事项。

a. 仅有元件结构图或没有结构图的，拆装时请记录元件及解体零件的拆卸顺序和方向。

b. 拆卸下来的零件，尤其是阀体内的零件，要做到不落地、不划伤、不锈蚀等。

c. 拆卸（或安装）一组螺钉时用力要均匀。

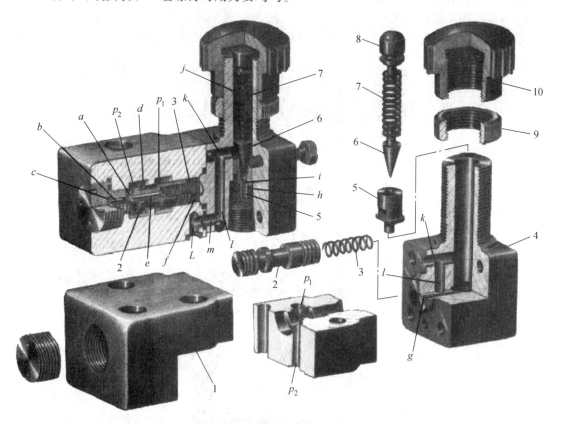

图 24.18　J-10B 型先导式减压阀拆卸流程图

1—主阀体；2—主阀芯；3，7—弹簧；4—侧阀体；5—阀座；6—先导阀芯；
8—弹簧座；9—螺母；10—调压手轮

d. 在拆卸阀体内的弹簧时，注意安全，不要让其弹出，以免伤人。

e. 检查密封元件有无老化，如有应及时更换。

先导式减压阀装配注意事项同上所述。

（3）换向阀。

了解换向阀的工作原理、结构特点和通路；了解换向阀的机能、控制方法及定位；了解换向阀的互联及卸荷方法。

型号：34E-25D 电磁阀。其结构图如图 24.19 所示。

① 换向阀工作原理。

换向阀利用阀芯和阀体间相对位置的改变来实现油路的接通或断开，以满足液压回路的各种要求。电磁换向阀两端的电磁铁通过推杆来控制阀芯在阀体中的位置。

② 34E-25D 电磁阀拆卸流程图如图 24.20 所示。

168

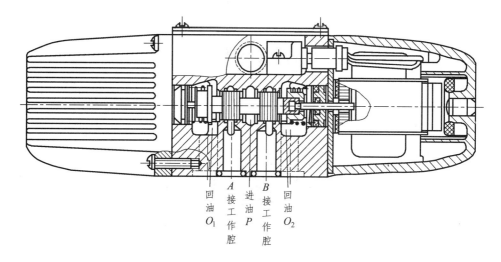

图 24.19　34E-25D 电磁阀结构图

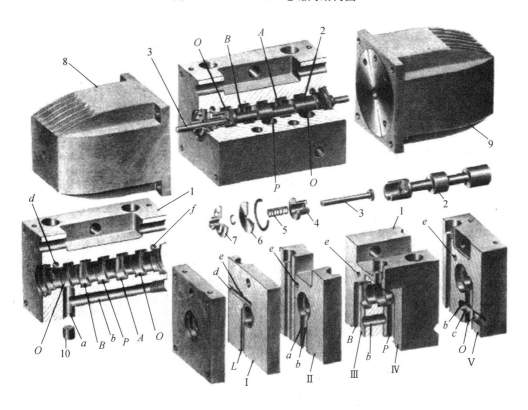

图 24.20　34E-25D 电磁阀拆卸流程图

1—阀体；2—阀芯；3—推杆；4—定位套；5—弹簧；6，7—挡板；8，9—电磁铁；10—堵头

34E-25D 电磁阀的拆卸、装配注意事项同上所述。

（4）单向阀。

型号：I-63B 型单向阀，其结构如图 24.21（b）所示。

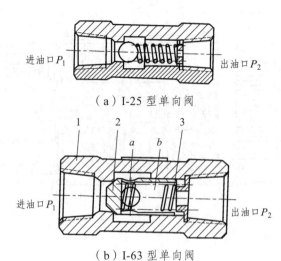

（a）I-25 型单向阀

（b）I-63 型单向阀

图 24.21　单向阀结构图

1—阀体；2—阀芯；3—弹簧

① I-63B 型单向阀拆卸流程图如图 24.22 所示。

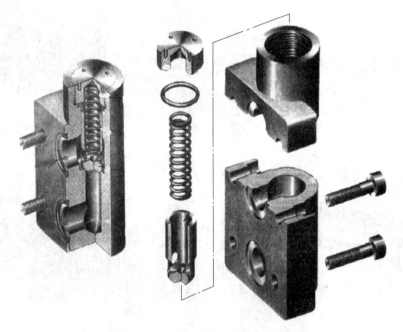

图 24.22　I-63B 型单向阀拆卸流程图

② 单向阀工作原理。

压力油从 P_1 口流入，克服作用于阀芯 2 上的弹簧力，压力油由 P_2 口流出。反向在压力油及弹簧力的作用下，阀芯关闭出油口。

I-63B 型单向阀的拆卸、装配注意事项同上所述。

（5）节流阀。

型号：L-25B 型节流阀。其结构图如图 24.23 所示。

① L-25B 型节流阀拆卸流程图如图 24.24 所示。

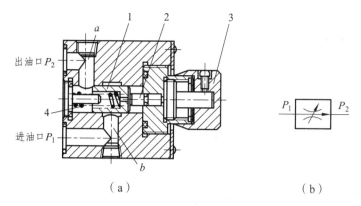

图 24.23　L-25B 型节流阀结构图

1—阀芯；2—推杆；3—手轮；4—弹簧

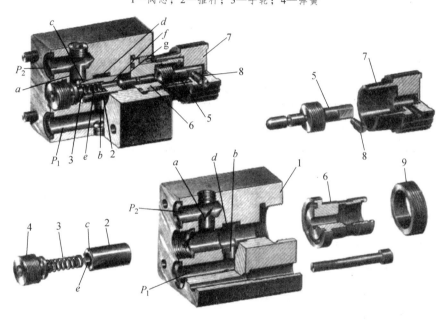

图 24.24　L-25B 型节流阀拆卸流程图

1—阀体；2，5—阀芯；3—弹簧；4—螺堵；6—阀芯套；7—手轮；8—螺钉；9—导套

② 节流阀工作原理。

如图 24.23 所示，转动手轮 3，通过推杆 2 使阀芯 1 做轴向移动，从而调节节流阀的通流截面面积，使流经节流阀的流量发生变化。

L-25B 型节流阀的拆卸、装配注意事项同上所述。

四、实验报告内容

1．液压泵拆装

（1）在轴向柱塞泵、齿轮泵和双作用叶片泵中选一种，记录泵的拆装步骤，填入表 24.2 中。

表 24.2　液压泵拆装步骤

拆装顺序	拆装零件或单元	所用工具
1		
2		
3		
4		
5		
6		

（2）在轴向柱塞泵、齿轮泵和双作用叶片泵中选一种，叙述其主要结构及工作原理。

2. 液压阀拆装

（1）在液压阀中选一种，记录液压阀的拆装步骤，填入表 24.3 中。

表 24.3　液压阀拆装步骤

拆装顺序	拆装零件或单元	所用工具
1		
2		
3		
4		
5		
6		

（2）在液压阀中选一种，简要说明阀的结构和工作原理。

（3）写出拆装过程中的感受。

五、思考题

（1）齿轮泵卸荷槽的作用是什么？齿轮泵的密封工作区是指哪一部分？

（2）叙述单作用叶片泵和双作用叶片泵的主要区别。

（3）双作用叶片泵的定子内表面是由哪几段曲线组成的？

（4）先导阀和主阀分别是由哪几个重要零件组成的？遥控口的作用是什么？远程调压和卸荷是怎样来实现的？

（5）静止状态时减压阀与溢流阀的主阀芯分别处于什么状态？泄漏油口如果发生堵塞现象，减压阀能否减压工作？为什么？泄油口为什么要直接单独接回油箱？

（6）左右电磁铁都不得电时，阀芯靠什么对中？电磁换向阀的泄油口的作用是什么？

实验二十五　液压基本回路实验

一、实验目的

（1）了解和熟悉液压元件的工作原理。

（2）了解和熟悉液压基本回路。

（3）加强学生的动手能力和创新能力。

二、实验设备及工具

YJS-03 快速组合式全功能液压教学实验平台。

三、实验内容

1. 节流调速回路

节流调速回路实验原理及连接示意图如图 25.1 所示。

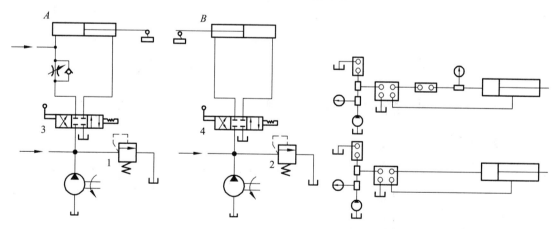

图 25.1　节流调速回路实验原理及连接示意图

1，2—溢流阀；3，4—换向阀

实验所需元件：行程开关 2 个（拨码开关拨到 9）；手动换向阀 2 个（三位四通 O 型）或电磁换向阀；压力表 3 块；单向节流阀 1 个或单向调速阀 1 个；溢流阀 2 个；三通接头 1 个；油缸 2 个。

实验步骤如下：

（1）按照实验回路图的要求，取出所要用的液压元件并检查型号是否正确。

（2）将检查完毕性能完好的液压元件安装到插件板的适当位置上，每个阀的连接底板的两侧都有各油口的标号，通过快速接头和软管按回路要求连接。

（3）安装完毕，定出两个行程开关间的距离，放松溢流阀1、2，启动泵，调节溢流阀1的压力为4 MPa，溢流阀2的压力为0.5 MPa，调节单向节流阀或单向调速阀开口大小。

（4）通过两个换向阀3、4的控制，可分别使油缸 A、B 缩回和伸出。换向阀4左位接通（在实验过程中始终保持它左位接通），换向阀3右位接通，即可实现动作。在运行过程中读出单向调速阀或单向节流阀进出口压力，填入表25.1中，绘制 V-F 曲线。

（5）根据回路记录表，调节溢流阀2的压力（即调节负载压力），记录相应的时间和压力，填入表25.1中，绘制 V-F 曲线。

表 25.1　节流调速回路实验记录

加载压力/MPa	速　度	绘制 V-F 曲线

（6）实验完毕后，首先要旋松回路中的溢流阀手柄，然后将电机关闭。当确认回路中压力将为零后，方可将胶管和元件取下放入规定的抽屉内，以备后用。

本实验同样也可以做回油节流调速回路、旁油节流调速回路实验。

本实验也可采用电磁换向阀代替手动换向阀。

2. 差动回路

差动回路实验原理及连接示意图如图25.2所示。

实验所需元件：行程开关3个；压力表2块；溢流阀1个；油缸1个；三通接头1个；三位四通 O 型电磁换向阀1个。

实验步骤如下：

步骤（1）、（2）与实验1相同。

（3）把所用电磁换向阀的电磁铁和行程开关编号，如表25.2所示，然后把相应的电磁铁插头插到输出孔内。

（4）调整3个行程开关之间的距离，使之等距，放松溢流阀，启动泵，调节溢流阀压力为2 MPa。

（5）把电磁铁控制板上的电源打开，手动自动选择开关拨向手动一边，然后将电磁铁开关的 1、3 同时拨向下方（即通电）即可实现进给，当碰到第二个行程开关时，将电磁铁开

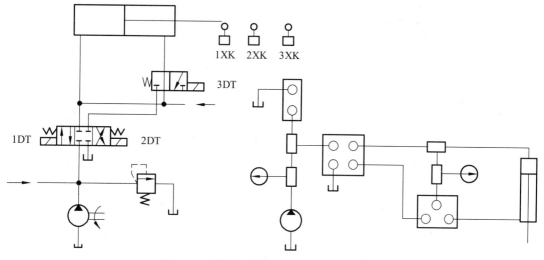

图 25.2　差动回路实验原理及连接示意图

关 3 拨向上方（即断电），然后将电磁铁开关 2 拨向上方（即通电）即可实现退回。调整回路后，可参照电控部分选择 1 号程序，进行控制。

（6）与实验 1 中的步骤（6）相同。

表 25.2　自动执行 1 号程序

输入信号	1DT	2DT	3DT
复　　位	−	−	−
启动（1XK 计时）	+	−	+
2XK	+	−	−
3XK	−	+	−
1XK	−	−	−

3. 单向调速阀串联的调速换接回路

单向调整阀实验原理及连接示意图如图 25.3 所示。

实验所需元件：压力表 2 块；油缸 1 个；行程开关 4 个；单向节流阀 2 个或单向调速阀 2 个；二位二通常开式电磁阀 2 个，常闭式 1 个；三位四通 O 型电磁阀 1 个；溢流阀（带遥控口）1 个；三通接头 5 个。

实验步骤如下：

步骤（1）、（2）与实验 1 相同。

（3）把所用电磁换向阀的电磁铁和行程开关编号，如表 25.3 所示，然后把相应的电磁铁插头插到输出孔内。

（4）调整 4 个行程开关之间的距离，使之等距，放松溢流阀，启动泵，调节溢流阀压力为 4 MPa。

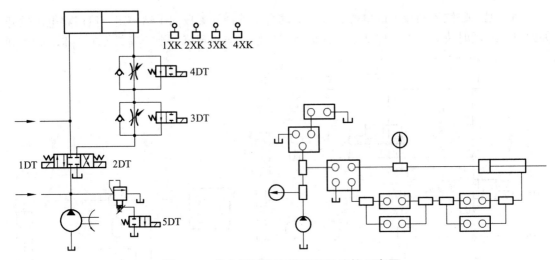

图 25.3　单向调速阀实验原理及连接示意图

（5）把电磁铁控制板上的电源打开，手动、自动选择开关拨向自动一边，将程序选择开关拨到 1，然后按动"复位"按钮，即可实现动作。

（6）与实验 1 中的步骤（6）相同。

表 25.3　自动执行 2 号程序

输入信号	1DT	2DT	3DT	4DT	5DT
复位	－	－	－	－	－
启动（1XK 计时）	＋	－	－	－	－
2XK	＋	－	＋	－	－
3XK	＋	－	＋	＋	－
4XK	－	＋	－	－	－
1XK	－	－	－	－	＋

4. 三级调压回路

三级调压回路实验原理及连接示意图如图 25.4 所示。

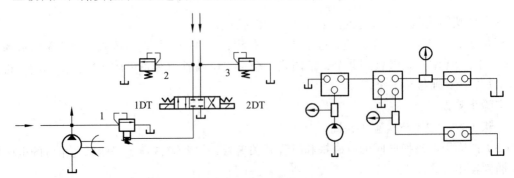

图 25.4　三级调压回路实验原理及连接示意图

1，2，3—溢流阀

实验所需元件：压力表 3 块；溢流阀 3 个，其中带遥控口的 1 个；三位四通 O 型电磁换向阀 1 个（或手动阀）。

实验步骤如下：

步骤（1）、（2）与实验 1 相同。

（3）电磁铁编号，如表 25.4 所示，把电磁铁插头插到相应的输出孔内。

（4）放松溢流阀 1、2、3，启动泵，调节溢流阀 1 的压力为 4 MPa。

（5）把电磁铁控制板的电源打开，将电磁铁开关 1 拨向上方，调节溢流阀 2 的压力为 3 MPa，调整完毕，将电磁铁开关 1 拨向下方。

（6）将电磁铁开关 2 拨向上方，调节溢流阀 2 的压力为 2 MPa，调整完毕，将电磁铁开关 2 拨向下方。

（7）调整完毕回路就能达到 3 种不同的压力，重复上述循环，观察各压力表数值。

（8）与实验 1 中的步骤（6）相同。

表 25.4　自动执行 3 号程序

输入信号	1DT	2DT
复　位	－	－
启　动	－	－
1XK	＋	－
压力继电器	＋	＋

5. 二级减压回路

二级减压回路实验原理及连接示意图如图 25.5 所示。

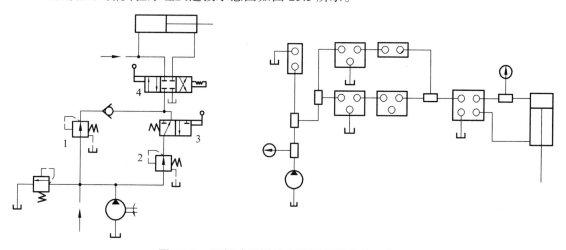

图 25.5　二级减压回路实验原理及连接示意图
1，2—减压阀；3，4—换向阀

实验所需元件：压力表 2 块；溢流阀 1 个；减压阀 2 个；单向阀 1 个；二位三通手换向阀 1 个；三位四通 O 型手动换向阀 1 个；三通接头 3 个；油缸 1 个。

实验步骤如下：

步骤（1）、（2）与实验 1 相同。

（3）放松溢流阀，启动泵，调节其压力为 4 MPa。

（4）将手动换向阀 3 左位接通，手动换向阀 4 右位接通，调节减压阀 1 的压力为 2 MPa，使手动换向阀 4 左位接通，调节减压阀 2 的压力为 3 MPa。

（5）将手动换向阀 3 右位接通，油缸退回后，将手动换向阀 4 右位接通，然后把手动换向阀 3 左位接通，使油缸伸出至终点，观察油缸无杆腔压力是否为 2 MPa，把手动换向阀 4 左位接通，观察压力是否为 3 MPa。

（6）与实验 1 中的步骤（6）相同。

6. 蓄能器保压泵卸荷回路

蓄能器保压泵卸荷回路实验原理及连接示意图如图 25.6 所示。

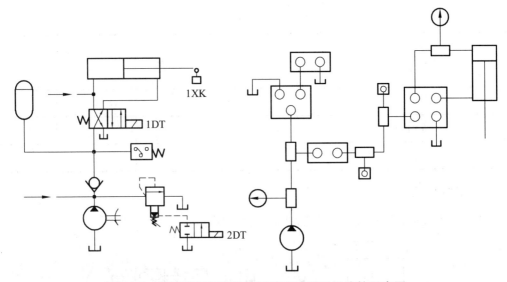

图 25.6　蓄能器保压泵卸荷回路实验原理及连接示意图

实验所需元件：压力表 2 块；溢流阀（带遥控）1 个；单向阀 1 个；二位二通电磁换向阀 1 个；压力继电器 1 个；蓄能器 1 个；二位四通电磁换向阀 1 个；油缸 1 个；三通接头 3 个。

实验步骤如下：

步骤（1）、（2）与实验 1 相同。

（3）把电磁铁编号，如表 25.4 所示，将电磁铁插头插到相应的插孔内，然后把压力继电器接好，把开关拨到相应的位置上，油缸活塞杆全部伸出，1DT 通电。

（4）旋松溢流阀，启动泵，调节溢流阀压力为 3 MPa。

（5）调节压力继电器压力为 2 MPa，使之发出信号（在工作中压力调节）。

（6）当前进到终点时，压力上升至压力继电器调定压力时发出信号，使电磁铁 2DT 处于通电状态，卸荷泵此时靠蓄能器保压。

（7）每一次循环开始必须按"复位"按钮启动。

（8）与实验 1 中的步骤（6）相同。

7. 单向顺序阀平衡回路

单向顺序阀平衡回路实验原理及连接示意图如图 25.7 所示。

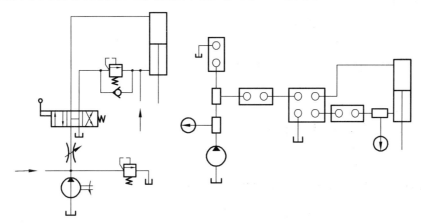

图 25.7　单向顺序阀平衡回路实验原理及连接示意图

实验所需元件：压力表 2 块；溢流阀 1 个；节流阀 1 个；三位四通 H 型手动换向阀 1 个；平衡阀 1 个；油缸 1 个。

实验步骤如下：

步骤（1）、（2）与实验 1 相同。

（3）旋松溢流阀，启动泵，调节溢流阀压力为 4 MPa，并调小节流阀开口。

（4）扳动手动换向阀手柄使之左位接通，在活塞杆下行时，调节平衡压力阀为 1～2 MPa。

（5）扳动手动换向阀使之右位接通，活塞杆上升。

（6）每次实验结束后加砝码（负载增加），重复上述循环，观察活塞杆下行速度是否变化。

（7）与实验 1 中的步骤（6）相同。

8. 单向调速阀并联同步回路

单向调速阀并联同步回路实验原理及连接示意图如图 25.8 所示。

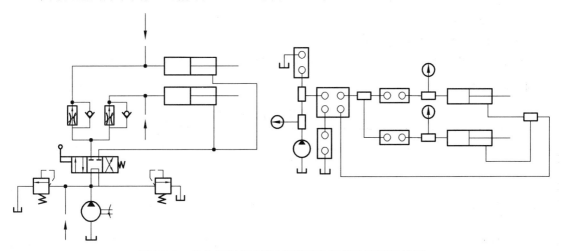

图 25.8　单向顺序阀平衡回路实验原理及连接示意图

实验所需元件：压力表 3 块；溢流阀 1 个；三位四通 M 型手动换向阀 1 个；单向调速阀 2 个；油缸 2 个；三通接头 2 个。

实验步骤如下：

步骤（1）、（2）与实验 1 相同。

（3）旋松溢流阀，启动泵，调节溢流阀压力为 2 MPa。

（4）扳动手动换向阀手柄使之左位接通，活塞杆向外运动，在工作过程中分别调节两个调速阀。

（5）扳动手动换向阀使之与右位接通，活塞杆缩回。

（6）反复循环几次，目测同步情况。

（7）与实验 1 中的步骤（6）相同。

9. 行程控制（压力控制）多缸顺序控制回路

行程控制：实验原理及连接示意图如图 25.9 所示。

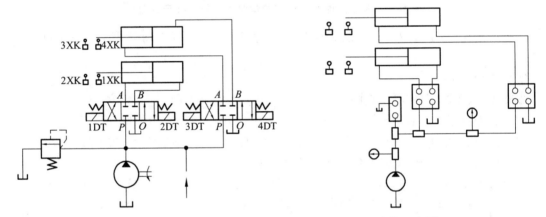

图 25.9　行程控制多缸顺序控制回路实验原理及连接示意图

实验所需元件：溢流阀 1 个；行程开关 4 个；压力表 2 块；二位四通 O 型电磁换向阀 2 个；油缸 2 个；三通接头 2 个。

实验步骤如下：

步骤（1）、（2）与实验 1 相同。

（3）把所用电磁换向阀的电磁铁和行程开关编号，如表 25.5 所示，然后把相应的电磁铁插头插到输出孔内。

表 25.5　自动执行 4 号程序

输入信号	1DT	2DT	3DT	4DT
复　位	−	−	−	−
启　动	+	−	−	−
2XK	+	−	−	+
3XK	−	+	−	+
1XK	−	+	+	−
4XK	−	−	−	−

（4）旋松溢流阀，启动泵，调节溢流阀压力为 2 MPa。

（5）把手动自动选择开关拨到自动一侧，然后把程序选择开关拨到 4，电磁铁开关全部拨向下方（即断电），然后按下自动"复位"按钮，再按下"启动"按钮即可实现操作。

（6）与实验 1 中的步骤（6）相同。

压力控制：实验原理及连接示意图如图 25.10 所示。

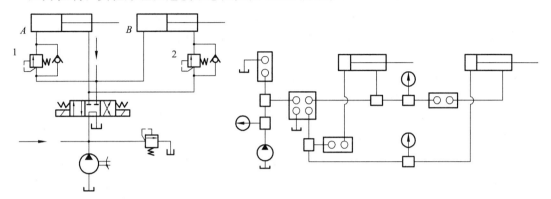

图 25.10　压力控制多缸顺序控制回路实验原理及连接示意图

1，2—平衡阀

实验所需元件：压力表 3 块；溢流阀 1 个；三位四通 M 型手动换向阀 1 个；平衡阀 2 个；三通接头 3 个。

实验步骤：

步骤（1）、（2）与实验 1 相同。

（3）旋松溢流阀，启动泵，调节溢流阀压力为 4 MPa。

（4）扳动手动换向阀手柄使之左位接通，当 A 缸动作时，调节平衡阀 1 的压力为 1~2 MPa。

（5）扳动手动换向阀手柄使之右位接通，当 B 缸动作时，调节平衡阀 2 的压力为 1~2 MPa。

（6）扳动手动换向阀使之左位接通，当两缸均达到行程终点时，再扳动手动换向阀手柄使之右位接通。

（7）与实验 1 中的步骤（6）相同。

10．双泵供油回路

双泵供油回路实验原理及连接示意图如图 25.11 所示。

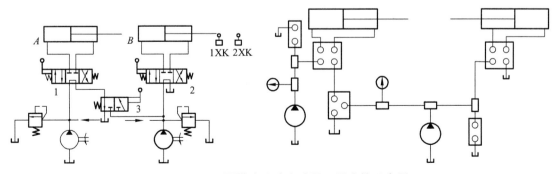

图 25.11　双泵供油回路实验原理及连接示意图

1，2，3—换向阀

实验所需元件：油缸 2 个；三位四通手动换向阀 2 个；二位三通手动换向阀 1 个；溢流阀 2 个；压力表 2 块；行程开关 2 个。

实验步骤如下：

步骤（1）、（2）与实验 1 相同。

（3）调整好两个行程开关间距离，并把线连接好。

（4）旋松两个溢流阀，启动泵，调整两个溢流阀压力为 4 MPa。

（5）分别扳动换向阀 1、2 手柄使它们左位接通，并通过电秒表计时（选择程序 9）观察 B 缸活塞杆速度。

（6）分别扳动换向阀 1、2 手柄使它们右位接通，使油缸 A、B 退回。

（7）先扳动手动换向阀 1 的手柄，使之处于中位，然后扳动手动换向阀 3 的手柄，使之右位接通，最后扳动手动换向阀 2 的手柄，使之左位接通，通过电秒表计时。

（8）与实验 1 中的步骤（6）相同。

上面只对液压系统中常见的几种基本回路做了介绍，除此之外，本实验台还可以自行设计回路进行实验，这也是本实验台的一大特色之一，这对学生分析问题、解决问题的能力提高无疑有很大的帮助。但对自行设计回路进行实验时，首先要将其原理及连接示意图画出来，待指导教师确认无误后方可按实验步骤进行实验。

实验完毕之后，清理实验台，将各元器件放入原来的位置。

四、实验报告

绘出各种液压回路的系统原理图。

实验二十六　气压基本回路实验

一、实验目的

（1）加深认识气压基本回路及典型气压传动系统的组合形式和基本结构。
（2）掌握气源装置及气动三联件的工作原理和主要作用。
（3）培养设计、安装、连接和调试气压回路的实践能力。

二、实验设备及工具

QCS-B 双面气动传动实验台。

三、实验内容

气压系统设计如下所示：
（1）单作用气缸换向回路；（2）双作用气缸换向回路；（3）单作用气缸速度控制回路；（4）双作用气缸单向调速回路；（5）双作用气缸双向调速回路；（6）速度换接回路；（7）缓冲回路；（8）二次压力控制回路；（9）高低压转换回路；（10）计数回路；（11）延时回路；（12）过载保护回路；（13）互锁回路；（14）单缸往复控制回路；（15）单缸连续往复动作回路；（16）直线缸、旋转缸顺序动作回路；（17）多缸顺序动作回路；（18）双缸同步动作回路；（19）四缸联运回路；（20）卸荷回路；（21）或门型梭阀应用回路；（22）快速排气阀应用回路。

四、实验要求

（1）实验系统要符合设计规范，安全可靠，实践性强。
（2）安装调试系统时，注意人身安全和设备安全。
（3）安装完毕后，仔细校对回路和元件，经指导教师同意后方可开机。
（4）实验结果用表格或性能曲线表示。

五、实验步骤

以多缸顺序动作回路为例，如图 26.1 所示。

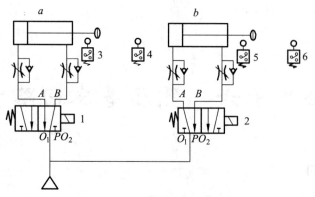

图 26.1　多缸顺序动作回路

（1）设计利用单向节流阀和行程开关的气动连续动作回路。

（2）将回路所需元器件的安装插头正确地插接在实验台插孔内，将电源、电磁阀及行程开关的连线正确地插接到电气控制面板上的 PLC 控制单元或继电器控制单元的相应插座内，经检查确定无误后接通电源，启动电气控制面板上的电源开关。

（3）观察并分析多缸顺序动作回路的整个运行过程。

注意： 根据本实验台的性能，实验时，所加气压信号或气源压力不要过大，一般以 0.4 MPa 为宜。

六、实验报告

绘制气压系统原理图。

参 考 文 献

[1] 钱向勇. 机械原理与机械设计实验指导书[M]. 杭州：浙江大学出版社，2005.

[2] 翁海珊. 机械原理与机械设计课程实践教学选题汇编[M]. 北京：高等教育出版社，2008.

[3] 邢邦圣. 机械基础实验指导书[M]. 南京：东南大学出版社，2009.

[4] 朱文坚，何军. 机械基础实验教程[M]. 北京：科学出版社，2007.

[5] 朱凤芹. 机械设计基础实验指导书[M]. 重庆：重庆大学出版社，2007.

[6] 林秀君，吕文阁，成思源. 机械设计基础实验指导书[M]. 北京：清华大学出版社，2011.

[7] 崔怡，孙萍. 机械专业实验指导书[M]. 北京：国防工业出版社，2010.

[8] 吴晶，戈晓岚，纪嘉明. 机械工程材料实验指导书[M]. 北京：化学工业出版社，2010.

[9] 卢桂萍，李平. 互换性与技术测量实验指导书[M]. 武汉：华中科技大学出版社，2012.